JN274983

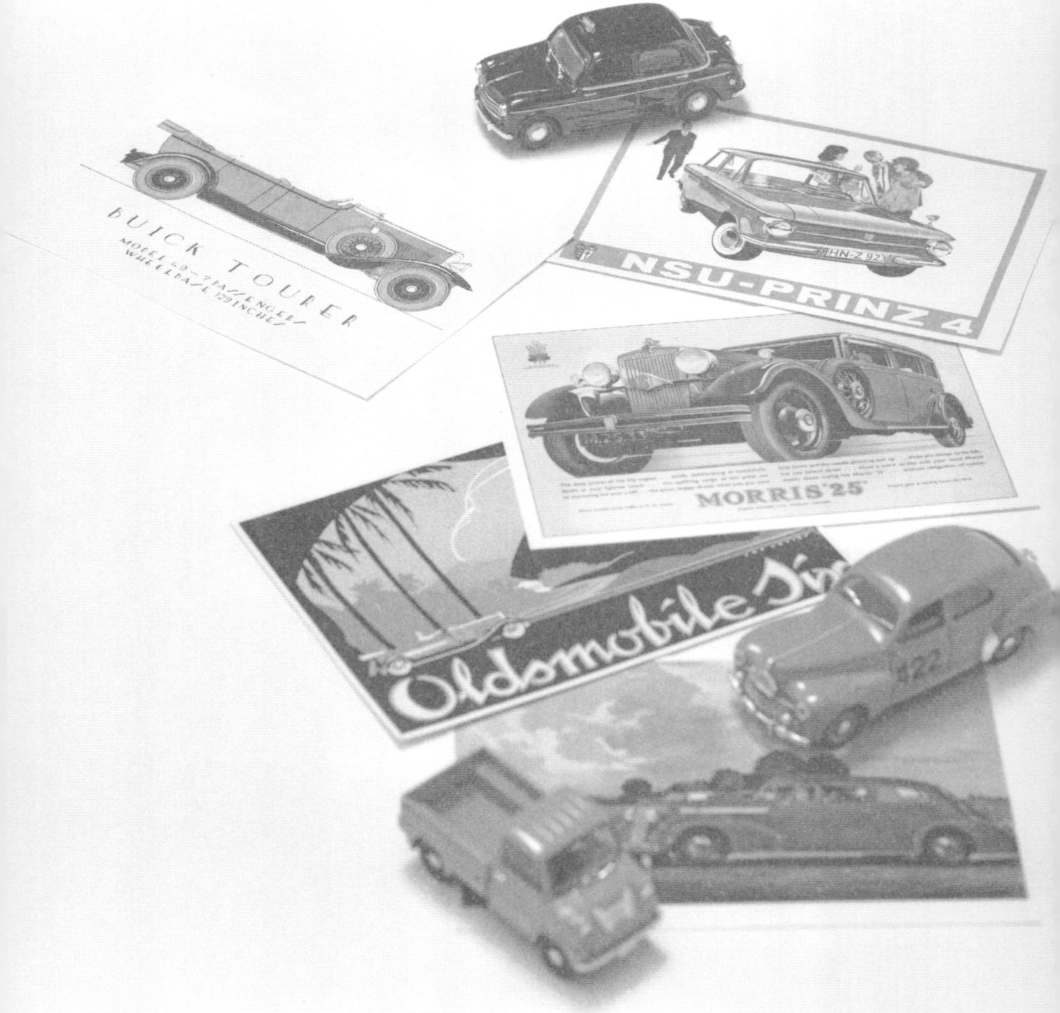
BUICK TOURER
NSU-PRINZ 4
MORRIS '25'
Oldsmobile

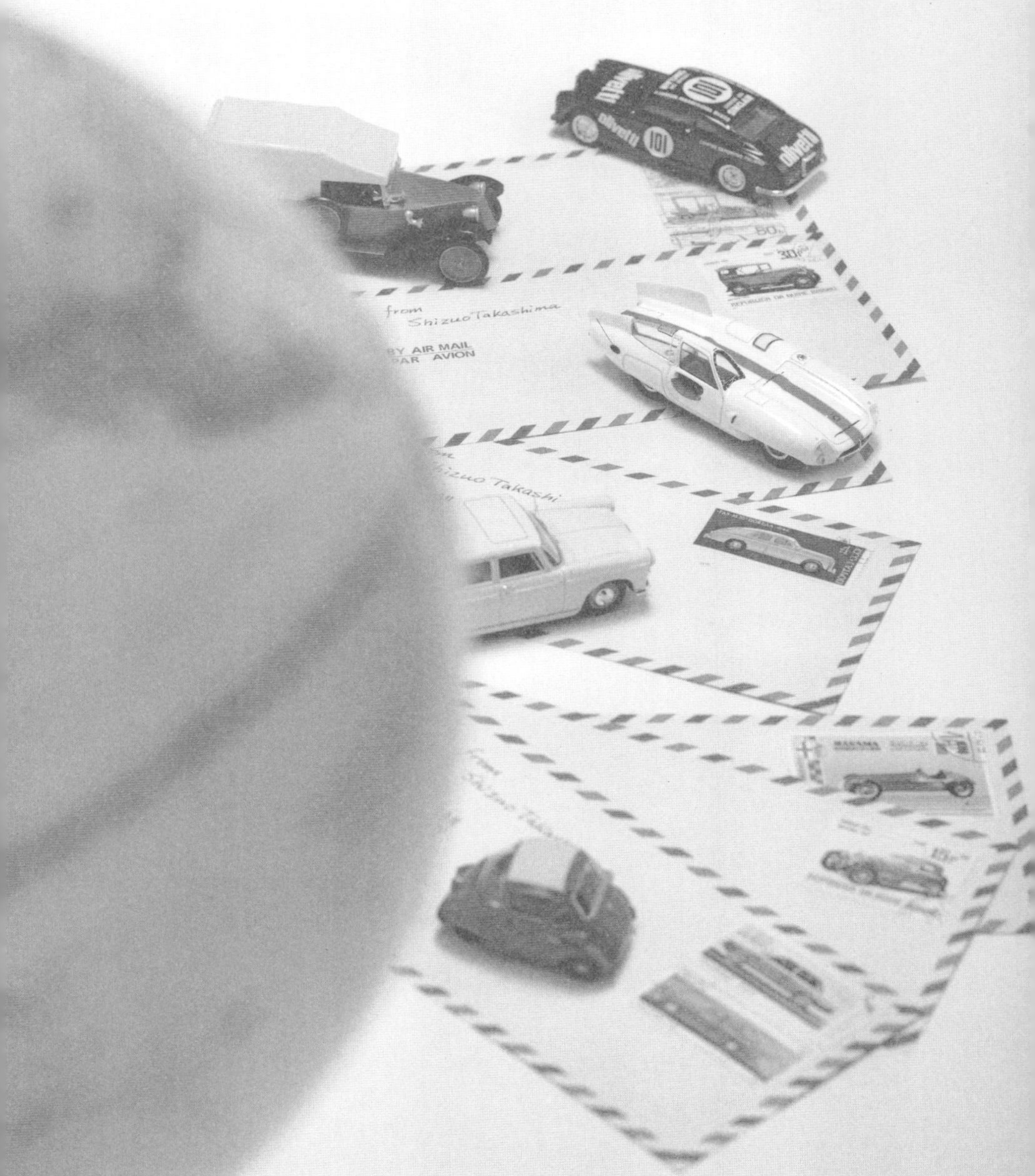
from
Shizuo Takashima
BY AIR MAIL
PAR AVION
olivetti
101

世界の名車を
めぐる旅

高島鎮雄 著

世界の名車をめぐる旅　目次

目次

著者からのメッセージ……8

第1章　アメリカからの便り

- 第1話　ミシガン州ディアボーンより　1908年　フォード・モデルT……14
- 第2話　ミシガン州ランシングより　さよならオールズモビル……18
- 第3話　インディアナ州サウスベンドより　1950年　スチュードベーカー……22
- 第4話　インディアナ州サウスベンドより　1953年　スチュードベーカー……26
- 第5話　ウィスコンシン州ケノシャより　1953年　ナッシュ……30
- 第6話　ミシガン州デトロイトより　1954年　パッカード……34
- 第7話　ミシガン州デトロイトより　1953年　ハドソン……38
- 第8話　ミシガン州ウィローランより　1953年　カイザー……42
- 第9話　ミシガン州フリントより　1954年　ビュイック……46
- 第10話　ミシガン州ディアボーンより　1954年　クライスラー……50
- 第11話　ミシガン州ポンティアックより　1955年　ポンティアック……54

Contents

4

第2章 ドイツからの便り

- 第12話 シュトゥットガルトより 1948年 ポルシェ356 ………… 60
- 第13話 ケルンより 1954年 フォード・タウヌス12M ………… 64
- 第14話 ブレーメンより 1954年 ボルクヴァルト・ハンザ1800 ………… 68
- 第15話 ブレーメンより 1951年 ゴリアートGP700 ………… 72
- 第16話 ジンデルフィンゲンより 1954年 メルセデス・ベンツ300クラス ………… 76
- 第17話 インゴルシュタットより 1954年 DKW ………… 80

第3章 イギリスからの便り

- 第18話 ブリストルより 1949年 ブリストル401 ………… 86
- 第19話 テムズ・ディットンより 1956年 ACエース ………… 90
- 第20話 アイルウォースより 1948年 フレイザー・ナッシュ ………… 94
- 第21話 ウォリックより 1952年 ナッシュ・ヒーレー ………… 98
- 第22話 ライトン・オン・ダンスモアより 1953年 サンビーム・アルパイン ………… 102
- 第23話 アビンドンより 1954年 ライレー ………… 106
- 第24話 コヴェントリーより 1955年 アルヴィス ………… 110
- 第25話 コヴェントリーより 1954年 デイムラー・コンクェスト ………… 114
- 第26話 オックスフォードより 1955年 ウーズレー ………… 118
- 第27話 ロンドンより 1954年 アラード ………… 122
- 第28話 コヴェントリーより 1951年 トライアンフ・リナウン ………… 126

5　〈目次〉

第29話 バーミンガムより 1954年 シンガー	
第30話 コヴェントリーより 1953年 ハンバー・インペリアル	134
第31話 ソリハルより 1954年 ローバーP4 75	138

第4章 フランスからの便り

第32話 ミュルーズより 1955年 プジョー203/403	144
第33話 シュレヌより 1954年 タルボ・ラーゴ・グラン・スポール	148
第34話 ポワシーより 1950年 シムカ	152
第35話 パリより 1952年 オチキス・グレゴワール	156
第36話 パリより 1946年 パナール・ディナ	160
第37話 パリより 1951年 パナール・ディナ・ジュニオール	165

第29話のページ番号 130

第5章 イタリアからの便り

第38話 モデナより 1947年 フェラーリ125	170
第39話 ミラノより 1950年 アルファ・ロメオ1900	174
第40話 ミラノより 1954年 イソ・イセッタ	178
第41話 トリノより 1954年 シアタ	182
第42話 トリノより 1953年 フィアット・ヌオーヴァ1100	185
第43話 トリノより 1950年 ランチア・アウレリア	190

Contents

6

第6章 ほかのヨーロッパの国からの便り

- 第44話 スウェーデン、イエテボリより 1954年 ボルボ444 …… 196
- 第45話 スウェーデン、リンチェピングより 1950年 サーブ9 …… 200
- 第46話 チェコ、プラハより 1957年 タトラ603 …… 204
- 第47話 チェコ、プラハより 1965年 シュコダ1000MB …… 208
- 第48話 ロシア、サンクトペテルブルクより 旧ソ連のクルマたち …… 212
- 第49話 スペイン、マドリードより 1951年 ペガソZ102 …… 216

第7章 日本からの便り

- 第50話 愛知県豊田市より 1955年 トヨタ・クラウン …… 222
- 第51話 神奈川県横浜市より 1934年 日産ダットサン14型 …… 226
- 第52話 三重県鈴鹿市より 1963年 ホンダS500 …… 230
- 最終話 東京の書斎より 旅する隠居からあなたへ …… 234

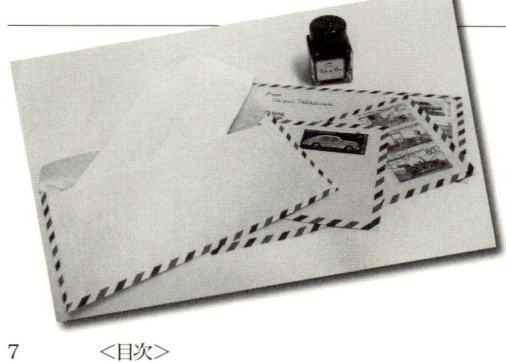

著者からのメッセージ

今、世界のどこかで何かが起こると、そのニュースは文字どおり、瞬く間に地球上の津々浦々に達します。私はその分野の専門家ではないので、正確なことはわかりませんが、情報の伝達速度は、例えば60年前の1950年代の何百倍か何千倍に達しているのではないでしょうか。情報の伝わる範囲の広さや細かさも、きっと何万倍か何十万倍に達しているに違いありません。好むと好まざるとにかかわらず、私たちは今や高度に発達した情報化社会に生活しているのです。誰かが新しいデザインの商品を出せば、あっという間に世界の隅々に行き渡り、間髪を置かずにコピーが作られ、トレンドを一新してしまいます。

私たちが愛する自動車は、デザイン、メカニズム、パフォーマンスなどの魅力を競い合って販売する商品です。しかも流通は国境や大洋を軽々と超えてしまいました。だからどこかのクルマが新しいことをやると、驚くべき速さで世界中に伝染してしまいます。結果的にどこの国のどのメーカーのクルマも大きな違いのないものになってしまっています。これは本当に寂しいことと言わなければなりません。

日本車はかつて1950年代から60年代までは欧米のトレンドに追いすがるのが精一杯でした。しかしその後急速に力を付けた日本車は、クルマのコンセプト、デザイン、メカニズ

―― Shizuo Takashima

ムから小さなアクセサリーや装備まで、世界のクルマに絶大な影響を与えるに至りました。
極端な言い方をすれば、日本車が世界中のクルマのトレンド・セッターになったのです。
いま、我が国では若い世代のクルマ離れが危惧されています。しかしよく考えてみると、
これは決して若い世代に問題があるのではないのです。我が国でも今や物心ついた時には家
にクルマがあったという世代の2代目が育っています。彼らにとって、クルマは生まれた時
から家にあるテレビジョンや冷蔵庫、洗濯機や掃除機などの家電製品と何ら変わらない家庭
用品のひとつに過ぎないのです。それらのものに興味を抱いて、どこの会社の何という製品
がいい、なんて趣味性を見いだす人は少ないでしょう。それに彼らには、身近にパーソナル
コンピューターや携帯電話などの手頃なオモチャがたくさんあるのです。これでは個性を失
い、あまりにも平均化していまったクルマに興味を持てというほうが無理です。

しかし1960年代に当時の池田勇人内閣が所得倍増計画を打ち上げて、日本が国を挙げて
高度経済成長に突っ走るようになる前はそうではありませんでした。クルマはごくごく一部
の富裕層の専有物で、一般大衆にとっては高嶺のさらに高嶺の花でした。1950年代に10
代を過ごしたかく言う私も、街を行くクルマを見ながら一生のうちにあんなクルマを持てる
とは思ってもみませんでした。だからクルマに興味のある若い私たちは当時2誌しかなかっ
た自動車専門誌を貪り読んで目学問でクルマを学び、同好の仲間と熱く語り合ったものです。
したがってその頃の若者にとって、クルマは見果てぬ夢であり、それだけに大きく強い趣味
の対象だったのです。

そしてここが肝心なのですが、世界が高度に情報化され、今日のように流通が頻繁になる

以前の1960年代までは、クルマは1台1台がもっと個性的で面白かったのです。クルマは基本的にそれが作られた国での使用を前提としていましたから、その国の風土や経済力、あるいはそこに生活する人々の国民性などに今より遙かに深く根ざしていました。

例えばアメリカは広い国土に都市が隔たって点在し、それを何車線もある真っ直ぐなハイウェイ網で結んでいます。国力は豊かで資源も豊富ですから、アメリカ車は図体が大きく重く、エンジンは大排気量で低速トルクが強く、そのうえ自動化が進んでいますから、あくまでもイージーに安楽なドライブができます。

これに対しヨーロッパでは相対的に道は狭く曲がりくねっていますから、クルマの全幅は小さめにできており、きびきびとした操縦性が要求されます。エンジンも排気量は小さめで、高回転で出力を稼ぐタイプなので、トルク・バンドは狭く、アメリカ車が3段で済ませるギアボックスは4段必要です。1950年代の中頃にアメリカの写真週刊誌『ライフ』がその頃アメリカでブームになっていたヨーロッパ車を特集したのですが、その中で「ヨーロッパ車の車幅が狭いのは道が狭いからだ」と書いていたのを思い出します。アメリカの一般誌がヨーロッパ車をこのように論評したのは『ライフ』が最初だったと思います。

例えばフランスはその頃、ルノー4CVやシトロエン2CVに代表される小型経済車の国でした。実はフランスが真に大衆化したのは第二次大戦後のことで、それまでは大型高級車の天国でした。しかしフランスは戦後国策として11CV（課税11馬力）以上のクルマに高率の税金を課すことによって、小型車の大衆化を促進したのです。それがフランス人の経済感覚とマッチして、国中が小型大衆車で埋め尽くされたのです。フランスは現在乗用車の約70％を占めるディーゼル車王国ですが、それもフランス人の経済観念の成せる業と

——Shizuo Takashima

も言えるでしょう。

50年代頃のフランス車はどんな安物でも深くソフトなシート・クッションをもっていましたが、それは当時フランスにはまだ敷石道が残っていたからなのです。また今ではすっかり見られなくなりましたが、フランスにはまだ霧への透過力が強いというので、黄色いヘッドランプを好みました。このように、クルマはそれが作られ、使われる国の風土や、使う人の人情に大きく左右され、それが個性と結びついていたのです。

「昔は良かった」などと言うと、いかにも老人の繰り言のようですが、冷静かつ公平に見ても、1950年代の世界のクルマはそれぞれが今より遙かに個性的であり、生産国による違いが鮮明でした。その楽しさをクルマ好きの若いあなたに伝えたいと考えて編んだのが本書です。

本稿の初出は、自動車専門誌『カーグラフィック』を中心とするエンスージアストの組織、「CG CLUB」の会報誌『ニューズレター』に、2002年9月から2010年3月まで連載したもので、その中から各国を代表するクルマを厳選し、単行本にまとめるにあたり書き下ろした6車のお話を加えたものです。私自身（CG CLUB内では「隠居」と呼ばれています）が世界を旅して各車の生まれた古里を訪れるという形にしたのは、そのクルマを生んだ風土を浮かび上がらせたかったからです。だいいちすでに歴史上の存在になってしまったメーカーもありますが、基本的には架空の旅です。私が実際に訪れたことのある工場もあります。

歴史的に見れば、世界中には数千、数万ものメーカーとブランドがあり、それをこのちっぽけな一冊に収めることはできません。だから代表的なクルマを選ばざるを得ず、落とすに

<著者からのメッセージ>

忍びないクルマも少なくありませんでした。読者のなかには、「なんだ、あの有名なクルマがないのか」と思われる方もおありでしょう。私は少々へそ曲がりなところがあり、人口に膾炙（かいしゃ）した有名車もさることながら、めったに日の当たることのない、地味でマイナーな、しかし世界の片隅で強く自己を主張しているクルマが好きなのです。

若い世代にはかつて存在したクルマの良き時代を知る手立てとして、またオールドファンには思い出をたぐり寄せる術として、本書をお楽しみにいただければ、これに勝る私の喜びはありません。

2011年夏　　高島鎮雄

―――― Shizuo Takashima

第1章
アメリカからの便り

第1話 アメリカ、ミシガン州ディアボーンより 1908年フォード・モデルT

私は今、アメリカ合衆国ミシガン州デトロイト西郊のディアボーンという町に来ています。いわゆる米五大湖のうち、ヒューロン湖とエリー湖に挟まれた狭い地域にセントクレア湖という小さな湖があります。五大湖には数えられない小さい湖です。そこからエリー湖へ向かって流れるセントクレア川を10kmほど下った西岸に、17世紀、仏領北アメリカが交易所を開きます。そのリーダーがガスコーニュの名門出身で、フランス海軍のキャプテン、ル・シュール・アントワーヌ・ド・ラ・カディヤック)でした。彼はこの地をフランス語で Ville d'Etroit (ヴィル・デトロワ、地峡の町) と名付けます。もうおわかりでしょう。これがデトロイトの地名の由来です。

ディアボーンはそのデトロイトの西に隣接する小さな町ですが、ここでアイルランドから移住した農家に1886年に生まれたのが、ヘンリー・フォードです。アイリッシュは保守的で頑固なことで知られますが、ヘンリー・フォードもまた頑固な現実主義者でした。ロールス・ロイスのヘンリー・ロイスがそうであったように、正式の工学や技術の教育を受けたことがなく、自ら修得した人でした。この二人のヘンリーが、かたや1906年に究極の高級車ロールス・ロイス・シルヴァーゴーストを、かたや1908年に究極の大衆車T型フォー

———— 1908 Ford T

ヘンリー・フォードが1896年に試作したクォードリシクル。乗っているのはヘンリー・フォード自身。

14

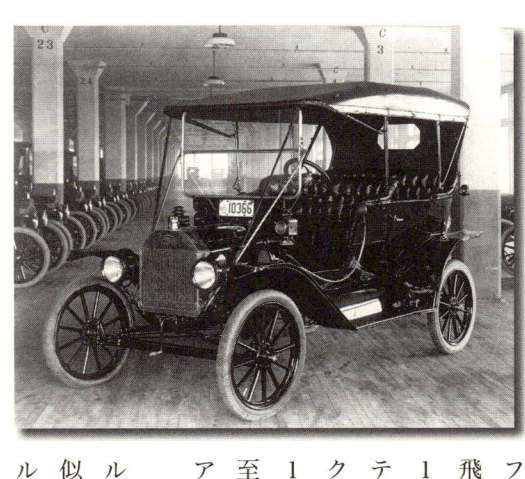

ドを生んだのは面白いことですね。

フォードは12歳ですでに時計修理のエキスパートだったと言いますし、15歳の時には独力で、蒸気エンジンを作ったとされます。長じてエジソン電灯会社に奉職しますが、同社に在職中の1896年、33歳の時に自宅で2気筒4馬力のガソリンエンジンを積んだクォードリシクル（四輪自動自転車）を製作します。その年の6月4日、デトロイトでテストランに成功しますが、それはアメリカで作られた4番目のガソリン自動車とされています。

その技術力に注目した人々に担ぎ出されたフォードは、1899年にエジソンを辞め、デトロイト・オートモビル・カンパニーのチーフエンジニアに就任します。しかし頑固なフォードは経営陣と衝突し、わずか3年で同社を飛び出します。このデトロイト・オートモビルは1903年、フォードの助手だったヘンリー・マーティン・リーランドにより改組されて、キャデラック・モーターカー・カンパニーになります。同じ1903年にヘンリー・フォードはついに今日に至るフォード・モーター・カンパニーをディアボーンに設立します。

1903年に発表されたフォードの最初のモデルAは、同じ年のキャデラック・モデルAとの近似性が指摘されています。というのも双方のモデルAはデトロイト・オートモビル時代にフォー

上：1908年モデルTツーリングカー。この頃はまだ赤などのカラフルな塗色があった。

左：1903年のフォード・モーター・カンパニーの1号車。モデルA。同年のキャデラック・モデルAとの共通点が指摘される。

<アメリカ、ミシガン州ディアボーンより　1908年フォード・モデルT＞

とリーランドの二人のヘンリーが共同設計したクルマがベースになっているからです。それにしても後の大衆車の雄フォードと、最大のライバルGMの最高級車キャデラックの第一号車がほぼ同じだったとは不思議な巡り合わせです。

出資者たちは1台の利益の大きい高級車を作れと迫りましたが、フォードは「私は大衆のためのクルマを作る」と主張して譲りませんでした。そして満を持して1908年に発表するのが4気筒SV、2.9ℓ、22.4馬力の大衆車モデルTです。ペダルの踏み方だけで変速できる2段プラネタリー・ギアボックスゆえに運転の容易な万能車で、「モデルTならどこへでも行ける。社交会を除けば」と言われました。モデルTは口コミで次第に販売を増やしていきました。

増大する需要に応えるために1913年には大規模なハイランドパーク工場を建設、史上初のコンベアラインの流れ作業による大量生産を開始、日産1000台の大台を超えます。同時に「黒ならどんな色にでも塗ります」とうそぶいて塗装も黒1色にしてしまいます。こうした合理化の結果、モデルTは、850ドルで売り出され、一時950ドルに値上げしたものの、1923年には最も廉価な2座ロードスターで260ドルまで低価格化に成功しましたが、大衆はそんなにお構いなしでモデルTに殺到しました。「自動車修理します、フォードも」と蔑まれましたが、大衆はそんなにお構いなしでモデルTに殺到しました。

大衆心理を熟知するフォードは、ハイランドパーク工場が本格稼働した1914年、1台あたり40〜60ドルのリベートを支払うと発表します。さらに同じ年、22歳以上の工員に対し8時間労働の日給をそれまでの倍にあたる5ドルに引き上げます。ライバル会社のトップたちは「そんなことをしたらフォードは潰れる」と冷ややかに眺めていましたが、結果として

——1908 Ford T

モデルAがシボレーに破れた結果、1928年にフルチェンジされたモデルAコーチ。

フォードは勝ち、経営の魔術師と言われました。モデルTは1927年5月31日までに実に1500万7033台生産されます。第一次世界大戦を含む18年8カ月間でアメリカのみの生産台数で、ほかにも世界各国で生産ないし組み立てが行われ、地球上を走るクルマの1/3を占めました。西ドイツのカブト虫ことVWは1972年2月19日に1500万7034台目を送り出し、モデルTの記録を破りますが、VWはそれに27年を要しました。

頑固なフォードはモデルTに固執し続け、最後はキャデラックを縮小したようなデザインとカラフルな塗色を持つGMの大衆車シボレーに抜かれてしまいます。その結果、1928年にはリンカーンを小型化したようなデザインのモデルAに切り換えざるを得ませんでした。しかしその後も、ほとんどすべてのアメリカ車が1930年代中頃までに前輪独立懸架を採用したのに、ひとりフォードだけはモデルT以来の横置きリーフのリジッド・アクスルにこだわり続けました。あのモダーンなリンカーン・ゼファーも、コンティネンタルも、前輪懸架は独立ではなかったのです。フォードがダブルウィッシュボーン・コイルの前輪独立懸架を採用するのは、1945年に孫のヘンリー・フォードⅡ世が社長になり、1947年にヘンリーが他界してから発表された1949年型からのことです。フォード・モーター・カンパニーが株式を上場し、アメリカ自動車工業会（AMA）に加盟したのは1956年のことです。

上：ヘンリーⅠ世の他界後、ヘンリーⅡ世がもたらした1949年フォード・フォードアセダン。完全なフラッシュサイド・ボディに初めて成功した。

左：大衆車で初めてV8エンジンを積んだ1932年のフォードV8スポート・クーペ。

＜アメリカ、ミシガン州ディアボーンより　1908年フォード・モデルT＞

第2話 アメリカ、ミシガン州ランシングより さよならオールズモビル

今はアメリカ北東部ミシガン州のランシングという都市にいます。ミシガン州はいわゆる五大湖地方の中央に位置し、西のミシガン湖、北東のヒューロン湖、東のエリー湖に囲まれて南から北へ突き出した半島のような形をしています。

ランシングはミシガン州のほぼ中央に位置します。アメリカ自動車産業の中心地であるデトロイトはミシガン州の東南端に近いセント・クレア湖の畔にあります。意外なことにミシガン州の州都は実はデトロイトではなく、そこから西北西に140kmほど離れたランシングなんですね。「またなんでそんなところにいるのか」ですって？ もちろんこれには訳があります。ミシガン州ランシングは、実はゼネラル・モーターズの中・高級車を担うオールズモビルの故郷なのです。いや、故郷だったのです。というのも、大GMはその五大乗用車ブランド、すなわち上位からキャデラック、ビュイック、オールズモビル、ポンティアック、シボレーのうち、オールズモビルを落とす決定をし、2003年型のオールズモビルは幻となってしまいました。

若い衆にはただ"アメ車"がひとつ減っただけかもしれませんが、これは私たちオールド・ファンにとってはたいへん大きく、かつ重い出来事なのです。なぜって、オールズモビルは

Oldsmobile

1939年オールズモビル（ハイドラマティック付き）。

アメリカで最も有名なクルマのひとつであり、最初期からアメリカの自動車産業の発展に大きく貢献してきたからです。それ以上にそのグラマラスなスタイリングと、先端を行く技術で常に私たちを魅了し続けてきたのがオールズモビルなのです。だからオールズモビルがなくなるというのは、私たちオールド・ファンには涙が出るほど寂しく、辛い出来事でした。

オールズモビルは最初からここランシングにあったわけではなく、初めはデトロイトで生まれたのです。生みの親はランサム・イーライ・オールズ（1864～1950年）で、彼は1886年の昔に蒸気自動車の試作に成功しています。1894年にはガソリン自動車を製作、その生産のために1897年にオールズ・モーター・ヴィークル社を設立します。しかし巧くいかず、1899年オールズ・モーター・ワークスに改組します。そこで彼は1901年に有名な"カーヴドダッシュ"オールズモビルを完成させます。

馬車で御者や助手が足を踏ん張る板をダッシュ

上：1901年オールズモビル"カーヴドダッシュ"。

左：1949年の初の高圧縮比"ロケット"V8エンジン付き88コンバーティブル。

＜アメリカ、ミシガン州ランシングより　さよならオールズモビル＞

ボードと言います(大昔はそこに直接メーターを付けたので、今でも計器板をダッシュボードと言うのです)。そのダッシュボードが床からくるっと前上方にカーブしていたので、このクルマはカーヴドダッシュと呼ばれたのです。円ハンドルではないティラーステアリングの簡単な2座のラナバウトで、床下に単気筒1.6ℓ、5馬力エンジンと2段プラネタリー・ギアボックスをもっていました。街乗りのクルマと考えられていましたが、どっこい大変なスタミナの持ち主で、1904年には2台がニューヨークからオレゴン州ポートランドまでの大陸横断を、44日間でやってのけました。

しかし不幸にも1901年、カーヴドダッシュの発売直前にデトロイトの工場から出火、プロトタイプ1台を残して焼失してしまいます。そこで、ここランシングに工場を移したというわけです。それにもかかわらず、650ドルで売り出されたカーヴドダッシュは1901年に425台、02年に2100台、04年には5000台を売って、史上初の大量生産車となります。しかし生みの親のオールズは1904年に同社を去り、自らのイニシャルを綴った"Reo車を生み出します。80年代に活躍したアメリカのロックグループ"R・E・O・スピードワゴン"は、このレオの小型トラックの名前に由来します。

1908年、一代の風雲児ウィリアム・クレイポ・デュラントがニュージャージーでゼネラル・モーターズ・カンパニーを組織、オールズモビルはビュイック、オークランド(後のポンティアック)とともに最初のメンバーとなります。これが今日に至る世界最大の自動車会社ゼネラル・モーターズ・コーポレーションの発端です。キャデラックがGMに加わるのは翌1909年のことですが、その時にはオールズモビルの方が遥かに大型の高級車でした。というのも、最大のモデルは6気筒8ℓ以上で5000ドルもしていたのです。

Oldsmobile

1955年のオールズモビル98"ホリデイ"セダン。

頂点の1912年には6気筒エンジンは11.5ℓにも達しましたが、その後しだいにGM社内でのランク付けが決まっていき、オールズモビルは下のポンティアックから上のビュイックまでと重なる、文字どおりの中級車になります。家庭婦人向きと言われたポンティアックやいささか派手なビュイックとは異なり、地味で控えめなオールズモビルは医師や弁護士、学者などのインテリ層に愛用されたと言います。

そのためオールズモビルは、GMが新しいメカニズムを世に出す際に、真っ先に装備して市場の反応を調べるための一種のテストベッドとして使われました。例えば1931年には1928年のキャデラックに次いで中級車で初めてシンクロメッシュ・ギアボックスを採用していますし、1939年には他車に先駆けてGMハイドラマティック自動変速機をオプション装備しました。第二次大戦後も1949年に有名なチャールズ・F・ケッタリング指揮下で開発された高圧縮比のV8、OHVエンジンを装備した第1号車となりました（それまでのV8はすべてSVだったのです）。これが有名なオールズモビルの"ロケット"エンジンで、クルマにもロケットのマスコットが付けられました。

オールズはまたキャデラック、ビュイックとともに1949年に2ドアのハードトップ・クーペに先鞭を付け、"ホリデイ"と名付けました。さらに1955年には4ドアの"ホリデイ"セダンも出しました。小雨そぼ降る日比谷で白と薄いブルーグレーの"ホリデイ"セダンを初めて見た時の感激は、今でも忘れません。ええ、その時隠居は高校1年生だったんです。それにしても、ちょっと売れ行きが悪いからといって、こんな由緒ある名前をあっさり切り捨てるなんて、アメリカの大企業は何と非情なんでしょう。腹が立つやら悲しいやら、また涙が出てきます。それじゃあまた。

1949年のオールズモビル・フューチュラミック98"ホリデイ"クーペ。

<アメリカ、ミシガン州ランシングより　さよならオールズモビル>

第3話 アメリカ、インディアナ州サウスベンドより 1950年スチュードベーカー

アメリカはインディアナ州のサウスベンドという街に来ております。インディアナ州は東はオハイオ、西はイリノイ、南はケンタッキー、北はミシガンと、四つの州に囲まれた比較的小さな州です。南の方はミシシッピーに合流するオハイオ川とその支流のウォーバッシュ川に区切られて複雑な形をしていますが、東西と北は直線で長方形に仕切られています。その北西の角にはちょっとだけミシガン湖が顔を覗かせています。

インディアナ州は西隣のイリノイ州とともにアメリカの穀倉地帯で、とうもろこしや小麦、家畜などを産します。また炭鉱があり、製鉄も盛んです。州都は有名なメモリアルデイ500マイル・レースのあるインディアナポリスです。同市はインディ500のゆえにスピードショップの聖地で、それから発達した自動車メーカーも少なくなかったようです。その最たるものがデューセンバーグでしょう。またインディアナ州北東の隅にあるオーバーン市も、同名のクルマの古里です。そのインディアナ州の北端の中央、もう10kmほどでミシガン州という所にあるのが、今隠居のいるサウスベンドです。

インディアナ州サウスベンドと言えば、アメリカ車のオールドファンなら「ハハーンッ」とわかるクルマがあるはずです。それはナッシュやハドソンなどとともに、ゼネラル・モー

――1950 Studebaker

右：1934年ハップモビル。

左：戦前のスチュードベーカーにおけるロウイの作品例。1938／39年型プレジデント・コンヴァーティブル・セダン。

22

ターズ、フォード、クライスラーのいわゆるビッグスリーに対抗し得る独立メーカーのひとつだったスチュードベーカーの本社工場のあった街なのです。スチュードベーカーは同名の兄弟が経営する馬車工場を前身とする古い会社で、1902年にアメリカ随一の高級車ながら、1911年以降はガソリン車に専念します。1928年にはアメリカ随一の高級車その頃経営上行き詰まっていたピアス・アローを傘下に収めます。

第二次大戦後はビッグスリーの専横ゆえにしだいに追い詰められ、1954年には高級車メーカーのパッカードと合併してスチュードベーカー・パッカード・コーポレーションとなります。1954年と言えば、ハドソンとナッシュが合併してアメリカン・モータース・コーポレーションが設立された年でもあり、ビッグスリーの寡占態勢がいよいよ顕著になってきたことを物語ります。1965年にはスチュードベーカーの白鳥の歌とも言うべきアヴァンティの生産が、同じサウスベンドの小さな会社アヴァンティ・モータースに移管されて、車名もスチュードベーカーの付かないアヴァンティになりますから、この時に1902年以来のスチュードベーカーは消滅したと言ってよいでしょう。

長い歴史をもつクルマのことですから、スチュードベーカーという名前を目にし、耳にした時に想い出す姿は、その人によって違うことでしょう。1953年のあのヨーロッパ風と言われたモデルを思い浮かべる人もあれば、1956年のゴールデン・ホークがいいという人もあるでしょう。もう少し若い世代だったら1962年のアヴァンティと言うに違いありません。それじゃ隠居は？　と問われれば、それは1950年型の〝ブレット・ノーズ〟と答えましょう。いや隠居にとっては、スチュードベーカーはこの砲弾形のノーズの1950／51年型以外にはあり得ないのです。

戦前型スチュードベーカーの中でも最も注目されたスターライト・クーペ。これは1949年のチャンピオン・リーガル・デラックス。

〈アメリカ、ミシガン州サウスベンドより　1950年スチュードベーカー〉

1950年と言えば隠居はまだ12歳の小学校6年生でしたが、『ポピュラー・サイエンス』誌の日本語版などで報じられたその姿は、まさに驚天動地でした。アメリカでは1945年の太平洋戦争終結から間もなく乗用車の生産が再開され、多くは戦前最後に発表しただけでほとんど生産しなかった1942年型の焼き直しでした。しかしスチュードベーカーは1946年に早くもフラッシュサイドの完全な戦後型を出します。同じ1946年には戦後派のカイザーとフレイザーもデビューしますが、そのフラッシュサイドは捉えどころのない茫洋としたもので、スチュードベーカーの足許にも及びませんでした。

というのも、スチュードベーカーのボディデザインは1938年型以降、レイモンド・ロウイ・アソシエイツが担当していたからです。レイモンド・ロウイは1893年生まれのフランス人で、第一次大戦直後の1919年にエンジニアを志してアメリカに渡ります。実際にはグラフィックデザインで活躍、やがてインダストリアルデザイナーへの道を歩み始めます。ロウイはヘンリー・ドレイファス、ノーマン・ベルデゲス、ウォルター・ダーウィン・ティーグらとともに、アメリカで工業デザインという仕事を企業化した第1世代の人々のひとりで、なかでも最も多くの大きな仕事をした人です。

ロウイは自身クルマをこよなく愛し、特にその形には強い関心と感性をもっていました。彼の名前で発表された最初のクルマは1934年のハップモビルで、3分割のラップラウンド・ウィンドシールドや、グリルの左右、フェンダーとの谷に埋め込まれたヘッドライトなどをもつ野心的な流線型でした。その成功に着目したスチュードベーカーが1938年型から大々的に売り出すのです。その頃、初めはロウイ事務所にいて、スチュードベーカーの技術部門に移籍したのが、1950年代なかばにクライスラー・デザインの中

———————————— 1950 Studebaker

3胴式戦闘機を想わせる1950年型ランド・クルーザー。50年型では6気筒SVの4ℓ。100馬力であった。

心人物としてイタリア、トリノのギアを起用してテールフィン時代をリードした、かのヴァージル・M・エクスナーです。

というわけで、スチュードベーカーの最初のポスト・ウォー・モデル（戦後型）である1946年型はロウイとエクスナーの共作と言ってもよいほどだと言われています。それはセンターモチーフのないフラットなグリルと、逆に尖ったトランクを持っており、特に4分割の曲面ガラスでぐるりと取り囲んだリアウィンドーをもつ"スターライト・クーペ"は Coming or going？（どっちが前）と揶揄されました。それに対するロウイの回答が、1950年型スチュードベーカーだったのです。ボンネットはまるでプロペラ機のナセルのように砲弾形に突き出し、左右のフェンダーとともに3胴のロッキードP38"ライトニング"戦闘機をほうふつさせます。あまりにも大胆で派手なデザインには賛否両論が投げ掛けられました。批判派は直線的なバンパーが完全にボディに添うW形のバンパーをデザインしていたのですが、コスト面の制約からカットされてしまったのです。

良識派、保守派は今なお1950／51年型スチュードベーカーを否定しますが、この手紙の冒頭にも述べたように隠居はアメリカそのものとも言えるデザインを評価しています。いや端的に言えば「好き」なんです。それはまさに贅沢と無駄の極みですが、それこそが空腹を抱えた敗戦国の12歳の少年を魅了し尽くしたものだったのです。隠居は今でもロウイがこのクルマをデザインした際の気持ちがわかるような気がするのです。

さて、サウスベンドのスチュードベーカー博物館へ見学にいってくることにしましょう。

フェイスリフトを受けた1951年のチャンピオン・コンヴァーティブル。

25　＜アメリカ、ミシガン州サウスベンドより　1950年スチュードベーカー＞

第4話 アメリカ、インディアナ州サウスベンドより 1953年スチュードベーカー

まだサウスベンドにおります。スチュードベーカーはアメリカのビッグスリーに対する同じ独立メーカーのパッカードと合併することによって生き残りを図りましたが、1966年ビッグスリーの優勢の前にあえなくアメリカでの生産を終えました。それからすでに45年も経っているのですから、「スチュードベーカーなんて知らない」と言われても不思議ではありませんね。アメリカでは有史以来およそ1500の自動車会社が、実に3000以上のブランド名でクルマを生産してきたと言われます。しかし、そのうちで今日まで残っているのはいわゆるビッグスリーのゼネラル・モーターズとフォード、クライスラーの3社のみで、メイクもオールズモビル、プリマスと次々消えている今、十指にも足りません。

しかし第二次大戦後にはまだパッカード、スチュードベーカー、ナッシュ、ハドソン、それに戦後派のカイザー・フレイザーの独立メーカー5社が存在し、元気にクルマ作りを続けていました。しかしビッグスリーはシャシーやパワートレーンの共用、豊富な研究開発費などのスケールメリットを活かして、次第に独立メーカーを圧迫していきます。それに対してスチュードベーカーは、1954年にパッカードと合併してスチュードベーカー・パッカード・コーポレーションになり、同じ年ナッシュとハドソンも合併してアメリカン・モータース・

― 1953 Studebaker

1953年コマンダー・スターライナー・ハードトップ。ウィンドシールドの傾斜の強さは現代のクルマ並みだ。

コーポレーションを形成します。いずれもスケールメリットを狙ってのことでしたが、それもビッグスリーの前には焼け石に水で、ナッシュとハドソンの名は1957年を最後に消え、カナダにスチュードベーカー・パッカードも前述のように1966年にアメリカから撤退、カナダに移りましたが長くは続きませんでした。アメリカン・モータースとカイザー・フレイザーは紆余曲折のすえ、現在のクライスラーの中に含まれた形になっています。

ところで、ビッグスリーのように次々と新機構を開発、製品化できない独立メーカーは、勢い斬新なスタイリングで顧客を惹きつけようとします（中身のシャシーは旧式なのに、です）。その好例が1952年のナッシュで、イタリア・トリノのカロッツェリアの巨匠ピニンファリーナを起用したイタリアン・ラインで一歩先を行きました。カイザー・フレイザーはアメリカで人気のあったカーデザイナーのアレックス・トレマリスやハワード・"ダッチ"・ダーリンと契約していました。しかしなんと言っても有名なのは超著名な工業デザイナーのレイモンド・ロウイをコンサルタントにしたスチュードベーカーで、それは1938年型からパッカードとの合併後まで15年余りにも達します。この間スチュードベーカーのスタイリングはつねに時代の先端を行くものであり、最もアメリカ的でありながら他のアメリカ車とはひと味違ったテイスト

上：1953年ランド・クルーザー。4ドア・セダンの最上級モデル。2ドアのプロポーションの美しさはない。1530kg、145km/h。

右：1953年コマンダー・クーペ。センターピラー付きのクーペ。コマンダーは3811cc、120馬力のV8 OHVを持つ高級車。

＜アメリカ、ミシガン州サウスベンドより　1953年スチュードベーカー＞

1953年型スチュードベーカーにはスタイリングリーダーとして大きな役割を果たしたモデルがいくつもあります。なかでも特筆すべきは、前に記したアメリカ車の戦後型スタイリングを主導した1947年型で、ロウイの指導下で実際にデザイン作業に当たったのは、1949年にクライスラーのアドバンスト・スタイリング・グループを創立し、1957年にクライスラーのスタイリング担当副社長に登り詰めるヴァージル・M・エクスナーでした。エクスナーは1947年型の生産が始まる前にスチュードベーカーを去りましたが、その後任になったのがボブ・バークです。バークは例の砲弾形の1950年型をデザインしますが、続いて手がけたのがこの手紙の主人公、1953年型スチュードベーカーです。

1953年型スチュードベーカーはそれまでアメリカでは誰も見たことのないスタイリングで、表現に困ったジャーナリズムは"ヨーロッパ風"と書きました。しかしヨーロッパにこんなクルマがあったわけではなく、あくまでもアメリカン・スタイルです。しかし基本的には代わり映えのしないボディの表面の凹凸や、表面に貼り付けた飾りで違いを出そうとするアメリカ車の常套手段に対して、ボディの基本的シェイプに個性を表現している点では、

をもっていました。それはほかでもないロウイの個性と好みによってもたらされたものです。

ロウイのスチュードベーカーにはスタイリングリー

— 1953 Studebaker

上：1954年チャンピオン・ステーション・ワゴン。

右：1955年プレジデント・ステイツ。上級のセダンだけラップラウンド・ウィンドシールドになった。

28

ヨーロッパ的であったと言えるかもしれません。それにプロポーションの美しさや、いっさいのサイドモールディングを用いずに、のびのびと、すっきり軽やかに仕上げている点でもアメリカ車としてはきわめて異色です。

1950年代までのアメリカ車ではボンネットに圧倒的な力量感を与え、突き進むパワーを強調するのが一般的でした。それに対して1953年スチュードベーカーではボンネットのボリュームを弱めて、スムーズに前へ行くほど低くしています。一般的なアメリカ車がボンネットを前へ突き出した"前のめりのデザイン"であったのに対し、このクルマは"スラントしたスタイリング"です。それは特に2ドアのハードトップやクーペでいっそう顕著で、4ドア・セダンでは寸法的な制約からシルエットはよりアメリカ車的になり、ボンネットも大きくなっています。

レイモンド・ロウイはコンサルティング・デザイナーでしたから、彼自身がスケッチで描いたり、クレイモデルを削ったりすることはなかったでしょう。実際のデザイン作業を行なったのは前にも述べたとおりボブ・バークです。しかしロウイは、バークを始めとするスチュードベーカー社のデザイナーたちにさまざまな示唆を与えることによって、彼の個性を表現していったのです。そうでなければアメリカの自動車産業という閉鎖社会のなかで、こんなに突出したスタイリングが生まれるはずはありません。そうした意味で、1953年スチュードベーカーは第二次大戦後のアメリカ車のなかでも最も傑出したデザインと言うことができましょう。しかしこのデザインの本当のよさは、"前傾姿勢"好きのアメリカの大衆の共感を得られなかったようで、新車効果が薄れると滅茶苦茶に破壊されていくことになったのは残念なことでした。

1955年スピードスター。ここまでやらなければならなかったのか？

〈アメリカ、ミシガン州サウスベンドより　1953年スチュードベーカー〉

第5話 アメリカ、ウィスコンシン州ケノシャより 1953年ナッシュ

隠居は今、アメリカはウィスコンシン州のケノシャという所におります。五大湖の中でも西寄りにあり、南北に長い長茄子のような形をしているミシガン湖、その西岸に広がるのがウィスコンシン州です。そのウィスコンシン州の中でも文字どおり南東の角でミシガン湖に面している小さな町がケノシャです。北にある同州の州都ミルウォーキーと、南のイリノイ州の州都シカゴのちょうど中間に位置します。この辺りはアメリカでも有数の穀倉地帯です。

アメリカの自動車会社はここからミシガン湖の対岸のミシガン州のカナダ国境に近いデトロイトに集中していましたが、かつてはオハイオ、インディアナ、イリノイ、ウィスコンシンなどの各州にも散在していたのです。ここケノシャでは1902年から、トーマス・B・ジェフェリー社が、ジェフェリーというクルマを造っていました。1916年、同社はチャールズ・W・ナッシュ（1864〜1948年）により買収され、1917年にジェフェリーはナッシュと改名します。ナッシュは、アメリカ自動車産業の風雲児でゼネラル・モーターズを組織したウィリアム・C・デュラントに従って馬車からビュイックの経営に転じた人で、社長としてビュイックを成功させた結果、1912年から16年までGMの社長を務めました。

———— 1953 Nash

1953年ナッシュ・アンバサダー・カントリー・クラブ。

30

中級車から大衆車をカバーするナッシュは、1922年には4万1000台を生産したと言いますから、アメリカでも中堅のメーカーでしたが、1924年にはケノシャの北のラシンにあったミッチェルと、さらに北のミルウォーキーのラファイエットを買収し、地歩を固めます。1930年、ナッシュは冷蔵庫メーカーを合併してナッシュ・ケルヴィネイター社となり、ナッシュは会長、ジョージ・メイスンが社長に就任しました。下って、第二次大戦後のナッシュは1949年に初の戦後型の"エアフライト"を発表します。

それは前輪までカバーしたフルウィズの、鯨のように巨大なプレーンバックのクルマでした。

しかし世の趨勢はすでに3ボックス時代に入っており、エアフライトはすぐに時代遅れになってしまい、ナッシュは明らかに新しいボディを必要としていました。そこでジョージ・メイスンが旧知のジョヴァンニ・バッティスタ・"ピニン"ファリーナに依頼して生まれたのが1952年型ナッシュです。同じ1952年には英国のヒーレーがナッシュの直列

上：ナッシュはカタログから看板まで、あらゆるところにピニンファリーナの顔写真を出してPRした。

左：1953年ナッシュ・ステイツマン・カスタム。

〈アメリカ、ウィスコンシン州ケノシャより　1953年ナッシュ〉

6気筒OHV、3.8ℓエンジンを積んだ2シーター・スポーツカー、ナッシュ・ヒーレーのシャシーにも、ピニンファリーナが美しいロードスター・ボディを着せています（それについてはまた別の機会にお話ししましょう）。

さらに遡ると、ナッシュは1950年NX・1というアメリカ車としては超小型の2座コンバーティブルの試作車を発表しており、それはオースティンによりA40シャシーを用いて1954～61年に"メトロポリタン"の名で量産されます。メトロポリタンは大成功とは言えないまでも、ある時点ではVWに次いでアメリカの輸入車の第2位になりました。そして1952年型のビッグ・ナッシュは、実は1950年のNX・1そっくりで、そのまま引き伸ばしたようなクルマでした。ということはNX・1＝メトロポリタンはピニンファリーナのデザインで、ナッシュとピニンファリーナはかなり以前から関係があったことになります。さらに疑えば、そうは発表されてはいませんが、エアフライト・ナッシュのデザインにも、ピニンファリーナが関与していたかも知れませんね。

今見ると、1952年型（53年型も同じ）ナッシュは紛れもないアメリカ車ですが、当時のアメリカの自動車界では異端者として大きな衝撃を与えました。というのも完全なフラッシュサイドのポンツーン形フェンダーがきわめて高いのに対し、ボンネット――おっと失礼、アメリカじゃエンジン・フードでしたね――が低く、フード後端とウィンドシールド下端の間にベンチレーション用のエアインテークがあるほどなのですから。大きく強く前方へ突き出していました。当時のアメリカ車のフードはフェンダーよりいちだんと高く、フロイト流にそのフードを男性器と位置づけ、女性にアピールする重要な要素と分析していた、という話を聞いたことがあります。それに対してイタ

1953 Nash

1954年ナッシュ・アンバサダー・カスタム。グリルのフレームが二重になった。

1955年ナッシュ・アンバサダー・カスタム。ヘッドランプがグリルに移り、ウィンドシールドもラップラウンドになった。この年までが許せる限界。

アン・スタイルはボンネットを極力低くする方向にあったのです。ナッシュは1952年型の発売に際し、ピニンファリーナを前面に押し出して大々的な宣伝キャンペーンを展開、あらゆるところに顔写真を出したので、ピニンファリーナは一躍全米で有名になりました。そしてこれがイタリアン・デザインの世界進出の第1号となり、大々的なイタリア・ブームの先駆となったのです。

構造的にはボディがエアフライト以来のモノコックであること、そのため前輪懸架のコイルスプリングが上部のウィッシュボーンの上に付いていること以外は、典型的なアメリカ車でした。エンジンは、ホイールベース3080mmの上級のアンバサダーでは4138cc/120馬力、中級の2900mmのステイツマンでは3203cc/100馬力の、直列6気筒OHVの古い設計でした。もしビッグボアのV8をもっていたらこのナッシュは大成功を収めたろうと言われましたが、ナッシュが5244ccのV8を積むのはAMCになってからの1955年まで待たねばなりませんでした。

ビッグスリーがますます肥大化する中で、中堅の独立メーカーの経営はしだいに圧迫され、スチュードベーカーとパッカードが合併した1954年、ナッシュもハドソンを合併してアメリカン・モータースになりました。その後のナッシュはピニンファリーナとは無縁の魅力のないアメリカンになっていきます。その結果AMCは坂路を転がる小石のように下降し、コンパクトカーのランブラーに特化しましたが、下降は止まりませんでした。1978年から彼らはフランス、ルノーの資本を受け入れられましたが、ルノーは1987年に撤退、その年AMCはクライスラーに吸収されて消滅してしまいました。結局1952/53年のナッシュはピニンファリーナの名前を世界に知らしめる役割を果たすに終わったのです。

1956年ナッシュ・アンバサダー・スーパー。こうなってはもういけません。

＜アメリカ、ウィスコンシン州ケノシャより　1953年ナッシュ＞

第6話 アメリカ、ミシガン州デトロイトより 1954年パッカード

お元気でお過ごしのこととと思います。隠居は今 "nation on wheels"、すなわち車輪の上の国アメリカでも、自動車産業の中心地デトロイトにおります。アメリカの開拓時代、デトロイトはまず港町と鉄道の要衝として交易で栄えますが、やがて産業が起こります。早くから製鉄が行なわれ、19世紀には馬車産業が盛んで、仏独からガソリン自動車がもたらされると、その一大生産地となります。実に多くの自動車メーカーがデトロイトで生まれ、そして消えてゆきました。今もGM、クライスラーはデトロイトに本拠を構え、フォードのヘッドクォーターも近郊のディアボーンにあります。デトロイトは人口150万以上の"モータウン"です。

今私はそのデトロイト市のイースト・グランド・ブールバードの1580番地にいます。ここにはかつて37万㎡の土地に1万人余りの工員が働くパッカード・モーター・カンパニーの工場があったはずです。しかし今やまったく関係のない工場が建っていて、往年のパッカードの栄光を偲ばせるものは何も残っていません。ええ、パッカードはかつてのアメリカでピアス・アロー、ピアレスと並んで"スリーP"と称された最高級車のひとつでした。品位と価格でピアス・アローがより上位にあった時代もないではありませんが、パッカードは常に

―――― 1954 Packard
1954年の最高級モデル、パトリシアン4ドア・セダン。

34

"アメリカの恋人"と言われ、人々の垂涎の的であり続けたのです。

格式の高さではビッグスリーの最高級車、すなわちGMのキャデラック、フォードのリンカーン、クライスラーのインペリアルを上回りました。隠居はまだ高校生だった時に、朝霞の米軍基地にいた若い兵士と逢ったことがあります。彼の父はパッカードの広報にいたのですが、私の手紙を見て私とあまり年の違わない息子に会うように言ってきたのでした。彼はこんなことを言っていました。「キャデラックは黒人にも好かれるが、パッカードには白人しか乗らない」と。そのとき隠居は初めて、民主主義を信じていたアメリカに人種差別があることを実感として知りました。でもパッカードは確かにそういうクルマでした。日本でも昭和10年代以降、天皇行幸の鹵簿(ろぼ)では、770グローサー・メルセデスの前後にパッカード・スーパーエイトの供奉車が付き従ったものです。

パッカードの歴史は、ジェイムズとウィリアムのパッカード兄弟が、1898年にオハイオ州クリーブランドで造られていた最初期のアメリカ車のひとつ、ウィントンを購入した時に始まります。彼らはクリーブランドから南東へ60kmほどの小さな町ウォーレンでそのウィントン車を大々的に改良し、1899年最初のパッカード12馬力車を作り上げます。当時すでに自動車の都になりつつあった、お隣ミシガン州のデトロイトに移転するのは1903年のことです。ある日、客が店先の工員に「カタログが欲しいんだが」と言うと、パッカードは、まだカタログがなかったので「奥の工場でそれを伝え聞いたジェイムス・ウォード・パッカードは、"持ち主に聞いてくれ！"」と答えさせます。これがひとりクルマのみならず、ありとあらゆる商品を通じてアメリカで最も有名なセールス・スローガンのひとつとなりました。

"Ask the man who owns one!"

1954年の特別型、キャリビアン・コンバーティブル。ショーモデルを市販化した、当時アメリカでも最も豪華なオープンであった。

35 ＜アメリカ、ミシガン州デトロイトより 1954年パッカード＞

ここにはパッカードの長い歴史を書く余裕はありませんので、一挙に第二次大戦後に飛びましょう。1930年代の全盛期にはV12・7ℓの"トゥエルヴ"を頂点としたパッカードでしたが、大戦後の1946年以降は1941年に発表したやや廉価型の"クリッパー"が中心になります。1951年にはボディをフルチェンジして、それまでの過渡期的な(しかし美しい)デザインから、明確な3ボックスでフルウィズの完全な戦後型へと脱皮します。シリーズはホイールベース127インチ(3226㎜)の高級型パトリシアンと、122インチ(3099㎜)の廉価型クリッパーに大別されました。特にパトリシアン400は例のペリカンのマスコットを戴いた繊細かつ優美なクルマで、アグレッシブで重いデザインの多いアメリカ車の中では異彩を放っていました。

しかしひと皮むくと、中身の骨格は戦前からのもので、エンジンも直列8気筒のSVという旧式なものでした。キャデラックとオールズモビル(とうとう消滅してしまいました)が1949年に出したオーバースクエアのOHV高圧縮比V8の前では、その古さは覆い隠すべもありませんでした。それでも1954年には圧縮比を8.7まで上げ4バレル・キャブレターを備えて、パトリシアンの5883ccで212馬力、クリッパーの5358ccで165馬力まで出力を高めていました。8.7という圧縮比は、おそらくSVエンジンとしては最高だったと思います。ちなみに同じ年のキャデラックV8は5420ccで230馬力でした。1949年には自力でウルトラマティック自動変速機を開発、1954年にはブレーキ、ステアリング、ウィンドーにパワーアシストを標準装備しました。そう言えば、史上初めてエアコンディショニングを備えたのは1940年のパッカードでしたね。

ビッグスリーの寡占が進むなかで、1954年にはナッシュとハドソンが合併してアメリ

1954 Packard

1955年のフルチェンジした事実上最後のパッカード。パトリシアン4ドア・セダン。

カン・モータースとなり、パッカードもスチュードベーカーと合併してスチュードベーカー・パッカード・コーポレーションとなりました。1955年型でパッカードは直線的でぐんとアグレッシブなデザインの新型になります。特筆されるのは全輪トーションバーのサスペンション（前輪のみ独立）で、前後輪がリンクされ常に平衡を保ついわゆる関連懸架でした。機械式ですが、BMCのミニに4年先駆けていたことになります。また小型の電気モーターで過重にかかわらず地上高を一定に保つ装置ももっていました。

そしてついには直列8気筒SVエンジンを捨て、5768cc、260馬力と5244cc、225馬力のV8、OHVエンジンを新設計しました。これらのV8エンジンはハドソンやナッシュにも供給されました。しかしこれらの新しい設計も強大なビッグスリーの前には無力で、パッカードの売れ行きはぐんぐんと落ちていき、1958年には60年の生涯を閉じます。最後の2シーズンのパッカードは、スチュードベーカーのボディをいじくっただけの情けないクルマでした。アメリカの自動車界は永遠の恋人を失ったのです。

1955年のクリッパー・カスタム・コンステレーション。ラップラウンド・ウィンドーをもつハードトップ。

＜アメリカ、ミシガン州デトロイトより　1954年パッカード＞

第7話 アメリカ、ミシガン州デトロイトより 1953年ハドソン

さて隠居はまだデトロイト市におります。この世界一のモータウンの東ジェファーソン通り12601番地に本社工場のあったハドソン・モーター・カー・カンパニーの跡を辿ろうと思ったからです。ハドソンは1954年にナッシュと合併してアメリカン・モータース・コーポレーションとなり、1957年を最後にその名前が消えましたから、お若い方の中には名前さえ知らない人が少なくないでしょう。でもハドソンは日本とはゆかりの強いクルマでした。ハドソンはGMで言えばオールズモビルからビュイック・クラスのアッパーミドルカーで、エンジンが強力なことで知られました。

大正から昭和初期にかけての日本の道路は、舗装がなく、急坂が多いという劣悪な状態でした。ですから地方ではハドソンに対する信頼が絶大で、「ハドソンじゃなきゃ登れない」なんていう坂も少なくなかったのです。例えば箱根の富士屋ホテルの自動車部にはハドソンがずらりと並んでいたと言われます。そんなわけで全国にハドソンは多く、しかも頑丈なので乗用車としての役目を終えるとボディを下ろし、消防車に転用されました。第二次大戦直後まで、地方の消防署を覗くとラジエターシェルに白い逆三角形のエンブレムを付けたハドソンが見られたものです。

1953 Hudson

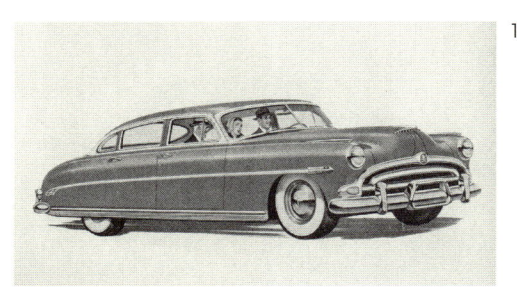

1953年型ハドソン・ホーネット4ドア・セダン。

ところで1909年の昔にデトロイトのデパート王J・L・ハドソンの資本でハドソン車を生んだのは、ロイ・D・チャピン（1880～1936年）という人物でした。彼はランサム・E・オールズの工場で写真技士、歯車の仕分け係として働き始めました。1901年には第2回ナショナル・オート・ショーに出展するカーヴドダッシュを、ミシガン州ランシングからニューヨークまで自走で陸送したと言います。1906年にはオールズを辞去、ハワード・E・コフィンとトーマス・デトロイト車（後のチャーマーズ・デトロイト）を生みます。さらに1909年、またもやコフィンと協同で生み出したのがハドソンというわけです。

クルマを売るためにはよい道路が必要だと考えたのでしょうか、それとも1901年のランシングーニューヨーク走破がよほど身にこたえたのでしょうか。チャピンはその後道路建設に深く係わり、いくつものハイウェイに関する公共機関の長を務めます。ついに1932年にはハーバード・フーバー大統領により商務長官に任命されます。大物だったんですねえ。もっともアメリカでは自動車産業出身の長官（日本で言う大臣）は珍しくありませんがね。

第二次大戦後に話を飛ばしましょう。ハドソンもご多分にもれず、1941年に発表したものの、戦争のためにほとんど生産せずに終わった42年型を復活させ

上：1951年型ハドソン・ホーネット4ドア・セダン。

左：1953年型ハドソン・ワスプ・"ハリウッド"・クーペ。

39　　＜アメリカ、ミシガン州デトロイトより　1953年ハドソン＞

ます。そして1948年型で新設計の戦後型に生まれ変わります。上級のホーネットでホイールベース3146mm（124インチ）／6130mmという巨大なクルマで、全長6280mm、下位のワスプでも3020mm（119インチ）／6130mmという巨大なクルマで、曲線豊かな実に豊満な流線型ボディをもっています。4ドアセダンは6ライト（窓）で、1949年のナッシュ・エアフライトほどではないまでも、プレーンバックに近いスタイルです。プレーンバックとは後部が飛行機の背中のようだ、というところから出た言葉で、今で言えばファストバックです。しかし1947年のアメリカのポースト・ウォー（戦後）モデル第1号のスチュードベーカーは明確なノッチバックの3ボックス・スタイルを採用しており、それは1949年型フォードで完成され、いわゆる戦後型スタイルの典型になります。その点でハドソンとナッシュは情勢を見誤ったということができ、その後の命運がその時に決まったと言えるかも知れません。

戦後型のハドソンは背が低く、恐ろしく幅の広いクルマでした。トレッドは前が1485mmなのに対し、後ろは1410mmとやや狭くなっています。これはフレームのサイドレールがボディのいちばん外側を通っていて、何と後輪はサイドレールの内側にあったのです。床は低く、ドアを開けてフレームを跨いで乗り込むので、ステップダウン・ボディと呼んでいました。ボディはナッシュ・エアフライトほどではないまでも、ユニット構造でした。サスペンションは前がダブルウィッシュボーン+コイルの独立、後ろはリーフのリジッドという、戦後型の典型でした。

エンジンは1954年にAMCになった時にパッカードのV8を積むまでは、古いサイドバルブの直列6気筒でした。ホーネットでは5047cc、ワスプでも3802ccという大きな6気筒です。1951年型ではSVのままながら圧縮比を7まで上げて、5047ccで

1953 Hudson

1954年型ハドソン・ホーネット4ドア・セダン。

145馬力、3802ccで112馬力としました。この145馬力のホーネットでハドソンはNASCARストックカーレースのグランド・ナショナルに敢然と挑みます。1951年にはチャンピオンシップの3位でしたが、1952年から54年までは3年連続チャンピオンになりました。1952年には60レースのうち実に47レースに優勝しています。新世代のOHV・V8が急速に普及しつつあり、GMは高圧縮比、クライスラーはヘミV8で鎬を削っていた時にサイドバルブの6気筒エンジンで頑張ったハドソンは、称賛されてよいでしょう。このストックカーレースへの挑戦も、ナッシュとの合併の結果終わりを告げます。

個人的な好みを言わせてもらえば、グラマラスなアメリカ女性（敢えて娘とは言いません）のハドソンが大好きでした。しかし前にも述べたように、ビッグスリーが完全な3ボックス・スタイルに移行した中にあって、ハドソンのボディはあまりにも個性的で、おそらく古臭いと感じられたのでしょう。ライバルのナッシュは1952年にピニンファリーナを起用して3ボックスへの大胆なフルチェンジを断行しましたが、資金の乏しいハドソンにはそれもできません。止むなく1954年には古いボディシェルのまま、フェンダーを精一杯後端まで伸ばし、グリルも角張らせて少しでもモダンに見せようとしましたが、それも焼け石に水でした。その前年、起死回生を図って出した6気筒SV、3310cc、104馬力のコンパクトカー、ハドソン・ジェットの失敗も足を引っ張りました。その結果1954年、ハドソンはついにナッシュと合併、AMCとなります。2社のうちではナッシュのほうがまだ元気がよかったので、1955年以降のハドソンはナッシュのグリルを変えたものになり、ナッシュにコンパクトカーの成功作ランブラーがあったのでジェットはなくなりました。合併から3年後、ハドソンの名は永遠に消え去りました。

1955年型ハドソン・ホーネット・カスタム・"ハリウッド"・クーペ。

〈アメリカ、ミシガン州デトロイトより　1953年ハドソン〉

第8話 アメリカ、ミシガン州ウィローランより 1953年カイザー

今、隠居がいるのはミシガン州のウィローランという小さな町です。セントクレア湖の西岸に開けた一大工業都市がアメリカ自動車産業の中枢デトロイトで、その西の郊外にフォード帝国の本拠地ディアボーンがあります。そこからさらに20kmほど西に走った所にウィローランがあります。実はこのウィローランの町は、第二次大戦後にビッグスリーを始めとするアメリカの巨大自動車産業の仲間入りをしようとする、無謀とも思える挑戦が行なわれた所なのです。それもよくあるような、「溢れるような情熱だけで財布は空っぽの若者」の向う見ずの挑戦ではありません。充分な資金と豊富な経験をもつふたりの工業家の計画されたチャレンジだったのです。

その人々の名はヘンリー・J・カイザーとジョセフ・フレイザーといいました。カイザーは第二次大戦中に米海軍の艦艇の建造で財を成した人、フレイザーは歴史あるグレアム・ペイジ車を生産する会社の会長でした。ふたりはそれぞれ1943年と44年に、戦後乗用車生産に進出すると宣言しました。グレアム・ペイジは1942年以降、水陸両用戦車を生産していたのです。そしてまだ太平洋戦争の終わらない1945年7月26日、カイザー・フレイザー・コーポレーションの設立を発表します。8月6日に広島、9日に長崎に原爆を落とす

―― 1953 Kaiser

1946年に47年型として発表された最初のカイザー・カスタム・セダン。

前に、彼らはすでに勝利を確信し、戦後の計画を進めていたのですね。

前後しますが、フォードはウィローランに飛行機工場を持ちB24爆撃機を量産していました。そして1945年6月23日、まだ戦争が終結していないのに、8685機を生産して工場を閉鎖しました。その翌月の6日にフォードは民間用乗用車の生産を再開、その月の26日にカイザー・フレイザーが発足したというわけです。そしてカイザー・フレイザーは前記のフォード社の巨大なウィローラン工場を買い取って乗用車生産を始めるのです。

初めに生産しようとしたのは、モノコックボディの前輪駆動車で、前後ともトーションバーによる独立懸架というクルマでした。もし実現していれば、アメリカのみならず世界中で最も進化した、文字どおり革命的なクルマだったに違いありません。しかし1946年に生産を開始した時には箱型断面の梯子形フレーム、前輪だけダブルウィッシュボーンとコイルの独立懸架、後ろはリーフで吊ったリジッドアクスルでハイポイドの後輪駆動という、ごくオーソドックスなクルマになっていました。エンジンも既成のコンティネンタルの6気筒、SV、3.7ℓ、100馬力を起用しましたから、当時のアメリカでは典型的な大衆～下位中級車でした。技術的に見れば面白くもおかしくもありませんが、保守的なアメリカではこの選択は正しかったと言えましょう。政治的にビッグスリーに潰されたのだという見方もあるようですが、あのタッカーがひどく短命に終わったのに対し、カイザー

上：1951年のコンパクトカー、ヘンリーJ。

左：1949年型フレイザー・マンハッタン4ドア・コンバーティブル。

〈アメリカ、ミシガン州デトロイトより　1953年カイザー〉

は曲がりなりにも10年の命脈を保ったのですから。

アメリカでまったく新しいクルマを登場させる際に大きな問題となるのは、そのスタイリングではないでしょうか。歴史も伝統もないクルマが市場でどういう位置付けをされるのかの鍵を握るのは、やはりスタイリングでしょう。カイザー・フレイザーは1920年代末から米欧で活躍してきた名デザイナー、ハワード・"ダッチ"・ダーリンとしてアイデンティティを確立しようとします。1930年代にはフランスのカロスリ・ダーリンを起用してアイデンティティを確立しようとします。手を携えてフェルナンデス・エ・ダランとして傑作を残していますし、パッカード・ダーリンの生みの親でもあります。

最初の1947年型カイザーとそのデラックス版のフレイザーは、完全な戦後型の3ボックス・4ウィンドー・セダンでした。注目されるのは初めての完全なフラッシュサイド(ポンツーン型、スラブサイデッドとも言います)をもっていたことですが、残念ながらそのフェンダーラインは掴み所がなく芒洋としていました。結局このボディにメリハリをつけたような1949年のフォードに名を成さしめてしまいました。

1951年には初のコンパクトカー、ナッシュ・ランブラーを追ってジープの4気筒2・2ℓ、68馬力または6気筒2・6ℓ、80馬力のFヘッドエンジンを用いた"ヘンリーJ"を発売、一時、三菱日本重工がコンプリートノックダウン(CKD)組み立てをしたこともあります。1951年限りでフレイザーはなくなり、その最上級モデル名"マンハッタン"はカイザーに移りました。圧倒的な力を誇るビッグスリーの前にカイザーの経営は常に容易ではなく、1953年にウィリス・オーバーランドを買収しますが、1954年限りで乗用車から撤退します。新しいV8エンジンを作れないカイザーは、1954年に古い6気筒

1953 Kaiser

いかにもアメリカ的に派手でドラマチックなカイザー・マンハッタン。これは1953年型。

SV、3.7ℓのコンティネンタルにクラッチ付きの遠心式過給機を付けて140馬力に強化しますが、「スーパーチャージャーを付けたクルマは消滅する」というアメリカのジンクスに打ち克つことはできなかったんです。

隠居にとって最も忘れ難いカイザーは、モデルチェンジした1952〜53年型です。ミッキーマウスの目のような巨大な前後ウィンドシールドを持つデザインは、これまたアメリカそのものです。1952年型はウィンドシールドの中央に柱があり、ダッシュボードにクラッシュパッドを付けた史上初のクルマとなりました。53年型では柱がなくなり、54年型ではボンネットが平らになってエアスクープが付き、グリルもいっそう派手になります。カイザーは1953年にスワンソングとも言える"ダーリン161"を出します。6気筒Fヘッド、2.6ℓ、90馬力のウィリス・エアロのシャシーに2シーターを着せたスポーティーカーです。スライディングドアなど面白いアイデアも見られましたが、240台しか造らないうちに終りになってしまいました。またカイザーはIKAの名で1953〜54年にアルゼンチンでも少量を生産しました。

上：カイザー・ダーリン161。フロントはいかにもFRPらしい一体成形で、冷却気はバンパー下からすくい上げる。

左：さらに派手になった1954年最後のカイザー・マンハッタン。スーパーチャージャー付き。

＜アメリカ、ミシガン州デトロイトより　1953年カイザー＞

第9話 アメリカ、ミシガン州フリントより 1954年ビュイック

"Hello my dear!" 隠居が今いる所は北緯43度で、かつてのビール会社のコマーシャル・ソングではないが、「ミュンヘン、札幌、ミルウォーキー」と同じです。市の名前はミシガン州フリントと言い、"自動車の都"デトロイトから北西100kmほどの所にあります。ちょうど中間にはポンティアック市があり、またフリントからさらに北西に50kmも行くとGMのステアリング製造部門で知られたサギノー市があります。フリント市から西南西に80kmも行くとオールズモビル工場のあったランシング市で、この辺りは主要工場の密集したアメリカ自動車産業の中心地です。フリント市は人口20万プラスの工業都市でその中核はGMのビュイック工場です。

ところで、1950年代にはアメリカは世界の自動車産業の半分を占めていましたが、そのまた半分を占めていたのがGM (ゼネラル・モーターズ) です。すなわちGMは1社で全世界の1/4を独占していたことになります。しばしばアメリカでのシェアが50%を超えるGMが、厳しい独占禁止法のある同国で解体されなかったのは、同社がアメリカの国防生産に深く係わっていたからなんです。50%を超えるたびに議会にGM解体の動議が出されましたが、解体よりGMの開発力、生産力が落ちて国防生産に影響が出るのを恐れる政府の強い

1954 Buick

右：縦縞のグリルをもつ最後の1954年型ビュイック。これは最も廉価スペシャルの4ドア・セダン。

左：最上級のロードマスター4ドア・セダン。1954年型。ワイヤホイールはこの頃に流行ったオプションのカバー。

反対により、「GMのシェアが50％以下であることが望ましい」という努力目標みたいなものが決議されるだけに終わっていたのです。

この世界最大の自動車会社が、赤字続きで大きな経営難に陥るとは夢にも思いませんでした。とうとう破綻にまで追いこまれ、アメリカ政府の融資とその当然の見返りとして監視のもと再建されましたね。1950年代からGMを知る隠居にはまったく驚天動地の出来事でした。だって隠居が中学生だった1950年代の初めにGMと言えば、アメリカのみならず世界最大級の企業だったんですから。

こうした大不振への対策として、GMは先のオールズモビルに続いてポンティアックとビュイックも止めて、乗用車は大衆車シボレーと高級車キャデラックの2ブランドに絞る方向で検討中といいます。オールズモビルやポンティアック、ビュイックがなくなるなんて、私たちオールドボーイにはまったく考えられない事態です。だいいち乗用車5ディビジョンの独立採算制はGMの経営方針の大根幹であり、日本のトヨタをはじめとする世界中の大メー

上：1952年のGMの乗用車5ブランド。シボレーはスタイルライン・デラックス、ポンティアックはチーフテイン・デラックス、オールズモビルは98、ビュイックはロードスター、キャデラックは60スペシャル。

〈アメリカ、ミシガン州フリントより　1954年ビュイック〉

カーに影響を与えてきたのではないですか？「GMよ大丈夫か？」と声を大にして叫びたい心境です。

ビュイックと言えばGMの乗用車5ブランドの中で長年にわたってキャデラックに次ぐ第2位を占める中・高級車で、上はキャデラックの下位モデル、下はオールズモビルやポンティアックの上位とオーバーラップしていました。その創立は古く1903年にまで遡ります。

デイヴィド・ダンバー・ビュイックは鋳鉄へのエナメル塗装法の開発で知られますが、配管業での蓄財を元に1902年にビュイック・マニファクチャリング社を興します。そこで彼は valve-in-head（OHV）エンジンの開発に取り組み、その完成により1903年にビュイック・モーター・カー社を設立し自動車を作り始めます。以来SV全盛期を通じてビュイックは一貫してOHVに固執し続けます。

しかしビュイック社は巧くいかず、1904年にウィリアム・クレイポ・デュラントにより買収されます。デュラントはビュイックを再建し、これにマックスウェル・ブリスコー、フォード（!）、レオなどを合併させようとしますが失敗に終わります。そこでデュラントは1908年にゼネラル・モーターズ社（まだコーポレーションではなくカンパニー）を設立、その後の2年間に立て続けにキャデラック、オールズ、オークランド（後のポンティアック）、カーター、エルモア、エウィング、ウェルチ、その他を買収します。これでもわかるように、ビュイックはそもそものGMの基礎だったのです。

隠居のような戦後派にとって、ビュイックと言えば1939年型に端を発する縦縞のグリルであり、フルフィズになった1949年型からフロントフェンダーに現れたポートホールです。ポートホールはシボレーやポンティアック、下位オールズモビルとボディシェルを共

1954 Buick

スポーティーな1955年センチュリー・リビエラ。

ビュイックはまた近代的なピラーレスになるハードトップ・コンバーティブル・クーペの祖でもありました。1949年型でオールズモビルの"ホリデイ・クーペ"、キャデラックの"クーペ・デビル"と一緒に発表されたビュイック・ロードマスターの"リビエラ"がそれです。技術的にみると、1934年にはダブルウィッシュボーン/コイルの前輪独立懸架を、1938年にはコラムシフトを採用、1949年にはトルクコンバーター付きのダイナフロー自動変速機をオプションにしました。ダイナフローは大好評で、その装着車は予想の倍、3倍、4倍と増えていき、2年後にはビュイックの85%に達しました。

先にビュイックは1903年の最初のモデルから"バルブ・イン・ヘッド"エンジンを用いてきたと書きましたが、直列8気筒のOHVエンジンに対する信頼が高かったので1950年まで使い続けました。ビュイックがV8に転じたのは1951年のことで、キャデラックやオールズモビルが近代的な高圧縮比V8を備えた2年後、フォード系のV8がOHVの新型になる1年前のことです。クライスラー系の高級車がヘミV8を採用するのも1年後の1952年です。

ビュイックは数あるアメリカ車の中でも、最も派手でアメリカ的な、アメリカを象徴するクルマでした。そのビュイックがなくなるかもしれないなんて、何と哀しいことでしょう!

用する廉価型のスペシャルでは三つ、上位オールズモビルやキャデラックと同ボディの中級型スーパーでは三つ、最上級のロードマスターでは四つと区別していました。1955年に復活したスペシャルの高性能版センチュリーでは三つでしたが、1955年からはスペシャルを除いてすべて四つに統一されました。

キャデラックにも匹敵する堂々たる1955年ロードマスター4ドア・セダン。

49　<アメリカ、ミシガン州フリントより　1954年ビュイック>

第10話 アメリカ、ミシガン州ディアボーンより
1954年クライスラー

まだ暗い雲の垂れ込めたデトロイト近郊にいます。デトロイトの空が暗く重いのは、天気のためばかりではありません。不況ゆえにクルマの売れ行きが極端に悪化したビッグスリーの厳しい状況を反映しているからです。かつては繁栄を謳歌したこの"モータウン"デトロイトは、いまや火が消えたようです。ナンバーワンGMの経営不振は、国からの支援を受けねばならないほどになり、一時期の深刻さからは脱したものの、かつての勢いはありません。そしてクライスラーはとうとうフィアットに飲み込まれてしまいました。

というわけで、改めてクライスラー・コーポレーションについて述べてみようと思います。これはフランスで訪ねてみようと思っているタルボ・ラーゴにも関係があるのです。アメリカの自動車産業は優れた人材を数多く輩出してきましたが、なかでも最も傑出したひとりがウォルター・P・クライスラー（1875〜1940年）でした。彼は名前入りの木の工具箱に収めたみごとなツールを残していることからもわかるとおり優れた技術者で、ボールドウィンと並ぶアメリカの二大機関車工場のアメリカン・ロコモーティヴ・カンパニー（Alco）の工場長を務めていました。アルコは1905〜14年に自動車も作っていました。1911年にアルコを辞したクライスラーはGM傘下のビュイックに入社、後にビュイッ

1954 Chrysler

ヘミV8を積むクライスラー・ニューヨーカー 4ドア・セダン。これは1953年型だが、1954年型もグリルを除いて同じ。この年は180馬力。

クの社長、さらにGM初の副社長に就きます。彼は優れた技術者であるとともに、抜群の経営的手腕の持ち主でもありました。第一次大戦後には倒産の瀬戸際にあるウィリス・オーバーランドの執行副社長に就任、立て直しに尽力します。同時にこれまた経営不振のマックスウェル・チャーマーズ社のサルベージにも当たります。ウィリスが立ち直るとマックスウェル・チャーマーズ社に全力投球、1923年にはズィーダー・スケルトン・ブリーア・エンジニアリング社を起用して新型車の開発に着手します。その結果1924年のナショナル・オートモビル・ショーでマックスウェル社から発表したのが初のクライスラー・ライト・シックス車でした。

そのエンジンはまだSVでしたが、6気筒最大の7個のメインベアリングをもち、4.0：1という高圧縮比（当時としては！）を実現していました。カートリッジで交換できるオイルフィルター、4輪の油圧ブレーキでも進歩的でした。最初のクライスラー・ライト・シックスは76×120mmというロングストロークの3.2ℓで、68馬力／3200rpmを出しましたが、これは当時の標準より20馬力は高かったと言います。最高速度もボディにより110～120km/hで、これは当時最新の5.9ℓのパッカード・エイトより8km/h遅いだけでした。さらに間もなく英国の権威ハリー・リカルドの提唱したリカルド燃焼室を採用することにより、圧縮比を4.8にまで高め、性能を向上させます。

ライト・シックスは大成功で、それを受けてチェイス証券はマックスウェルへの5000万ドルの融資に合意、1925年マックスウェル・チャーマーズはクライスラー・コーポレーションとして新しいスタートを切るのです。1928年にはフォード、シボレーと並ぶ大衆車プリマスとオールズモビル・クラスの中級車デ・ソートを創設、さらにポンティ

1954年のクライスラー・ニューヨーカー・デラックス・コンバーティブル。この年235馬力に強化された。ただし廉価モデルのウィンザーはまだSVの6気筒であった。

〈アメリカ、ミシガン州ディアボーンより 1954年クライスラー〉

アック、マーキュリー・クラスのダッジ・ブラザースを買収、クライスラーの上級モデル、インペリアルとともに大衆車から高級車までラインナップを完成、いわゆるビッグスリーのメンバーへの道を歩み始めるのです。最初のクライスラー・ライト・シックスを成功させたフレッド・M・ズィーダー、オーウェン・R・スケルトン、カール・ブリーアの3人はクライスラーの技術の三銃士としてしだいに重きを成し、10年後の1935年には自動車の基本設計に革命をもたらしたエアフローを生むのです。エアフローは流線型のスタイリングだけが注目され、早すぎたために"失敗"の烙印を押されていますが、実は重量配分を始めとする自動車のアーキテクトの大きな変革を先導したのでした。

ここで話を一挙に第二次大戦後に進めます。クライスラーはずっとSVの直列6気筒と直列8気筒エンジンでやってきました。ウォルター・P・クライスラー自身は直列8気筒で充分で、V12やV16の必要はないと言っていたそうです。同じ高級車でもGMのキャデラックは1915年以来SVのV8を用いていますし、フォードのリンカーンも1921年に生まれた時からSVのV8です。キャデラック(とオールズモビル)は"ボス・ケット"ことチャールズ・F・ケッタリング率いるGMリサーチ・コーポレーションが1923年に商品化したハイオクタン・ガソリンを利した、高圧縮比のOHV・V8をきっかけにアメリカの自動車界は高出力競争時代に突入します。

そこでクライスラーが1951年に発表するのが通称"ヘミV8"として有名になるファイアパワーV8エンジンです。ヘミというのは hemispherical combustion chamber すなわち半球形燃焼室のことで、吸・排気バルブが約60度のV字形に対置されています。アメリカのほとんどのOHV・V8がウェッジ形燃焼室であるなかで、ひとりクライスラーのみが

1954 Chrysler

1954年クライスラー・カスタム・インペリアル4ドア・セダン。インペリアルはクライスラーの高級版で、この上にさらにリムジンを含むクラウン・インペリアルがあった。

52

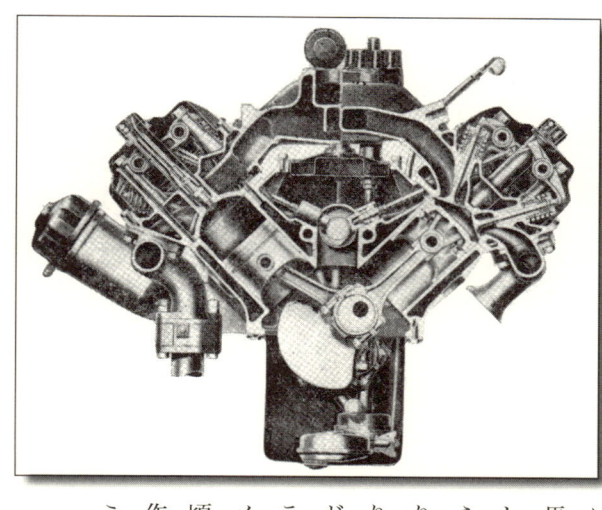

この高度な型式に挑みました。V字形バルブのヘミ・ヘッドと言えば通常はDOHCを伴いますが、クライスラーは傾斜した2本のプッシュロッドとロッカー・アームを巧みに使って成し遂げています。そうなんです。このバルブ・メカニズムはフランスのタルボ・ラーゴの手法をそっくり採り入れているのです。

クライスラーのヘミV8は5426ccの180馬力で、5428cc、160馬力のキャデラックを凌駕していました。その後馬力競争の結果出力は年々上がっていき、今回のテーマに選んだ1954年にはキャデラックの230馬力に対してクライスラーは235馬力と豪語していました。この頃アメリカでは欧州戦線から帰国するGIたちが持ち帰ったクルマにより、時ならぬスポーツカー・ブームが巻き起こりました。エンジン・レスで輸入されたアラードなどのスポーツカー・シャシーに、クライスラー・ヘミやキャデラックV8が搭載され、アメリカのローカル・レースで活躍したのはこの頃です。また純粋にアメリカのスポーツカーを作ろうとしたカニンガムも、クライスラーのヘミV8を積んでいました。

上:クライスラー・ヘミV8の断面図。これは1952年に発表された4527ccと一回り小さいデ・ソートのファイアドームV8の図だが、サイズ以外は共通である。

右:カニングハムはクライスラー・ヘミV8付きのスポーツカーを市販しようとした。これは1953年のC-3クーペで、ボディはイタリアのミケロッティによるデザインで、トリノのヴィニャーレが作ったもの。ギアボックスはシアタのものといわれた。

〈アメリカ、ミシガン州ディアボーンより　1954年クライスラー〉

第11話 アメリカ、ミシガン州ポンティアックより 1955年ポンティアック

こんにちは。お元気のことと思います。ところでGMは先にオールズモビルを止めましたが、さらにサーブ、それにハマーを切り離し、さらにポンティアックを止めることになりました。GMの乗用車5銘柄のうちシボレーとビュイック、キャデラックしか残らないことになります。そのビュイックも危うく、結局GMの乗用車はシボレーとキャデラックだけになってしまうだろうという予測さえ聞かれます。ポンティアックやオールズモビル、はたまたビュイックもなくなってしまうなんて、1950年代に少年期を過ごした隠居には、その頃の想い出を奪われてしまうような悲しくも辛いことです。

というわけで、ポンティアックのお話を綴って、同社に送りたいと思います。隠居は今、アメリカはミシガン州のポンティアックという町に来ています。まあなんの変哲もない人口10万に届かない小さな町です。ポンティアックとはアメリカ先住民の大酋長の名前（固有名詞）で、ネイティブに発音させるとポニアックに聞こえます。ポンティアック車にチーフテインやスターチーフなど、酋長を意味するシリーズ名が多いのはそのためなんです。また、おもしろいことにフランスのパリには1938年に設計されたカメラ会社ポンティアック・

1954年ポンティアック・スターチーフ・"カタリナ"・ハードトップ。まだSVのストレート・エイト・エンジンだ。

1955 Pontiac

パリがあり、実際に戦後に掛けてポンティアックというカメラを製造販売しました。ええ、隠居も2台ほど持っていますよ！

ポンティアックの町はアメリカの自動車の都、デトロイトの中心から北北東にわずか40kmほどのところある、人口10万ほどの小さな町です。デトロイトからポンティアックの延長線上の50kmほど先にはビュイックの本拠地フリント市があり、さらに50kmほど先にはステアリングで有名なGMサギノーのあるサギノー市があります。またポンティアックのほぼ真西110kmほどにはオールズモビルのあったランシング市があります。アメリカの自動車産業というと、すべてがデトロイトに集中していたかのように思われがちですが、確かに中枢はデトロイトに集まってはいましたが、実際には工場はその周辺に散らばっていたのです。ナンバーワンのGMにしても本社工場がデトロイトにあったのは、シボレーとキャデラックだけでした。

よく知られているように、GMを築いたのはアメリカ自動車界一代の風雲児ウィリアム・クレイポ・デュラントでした。彼は倒産寸前のビュイックを立て直すと、それを中心に1908年ゼネラル・モーターズ・カンパニーを立ち上げ、それからの2年間にキャデラック、オールズモビル、オークランド、カーター、エルモア、エウィング、ウェルチほか数車を次々に買収していきます。この中のオークランド車が、実はポンティアックの町で作られていたのです。オークランド車は1931年まで続きますが、メーカーのオークランド・モーター・カー社は1926年に6気筒SV、3ℓの新型車を町の名前を取ってポンティアックとして発売します。大衆的な価格で売り出されたポンティアックは1年目にして14万台余りを売り、翌年はさらに21万台以上を売る大ヒットとなります。

1955年ポンティアック・チーフテン4ドア・セダン。やっとOHVのV8になったが、6気筒は依然として直列のSVであった。

＜アメリカ、ミシガン州ポンティアックより　1955年ポンティアック＞

GMが1920年代から30年代にかけて独立採算の5ディビジョン制を敷くようになると、ポンティアックは大衆車シボレーよりワンランク上の上級大衆車と位置づけられ、中級車オールズモビルの下に置かれることになります。シボレー、ポンティアック、オールズモビル、ビュイック、キャデラックという厳格な序列が出来上がったのです。アメリカ車のランキングはエンジンの気筒数や排気量もさることながら、大きさ（ホイールベース）と重さによるところが大きいのです。セパレート・フレームのあった時代ですから、ホイールベースは自由に変えられます。しかし大規模なプレスを必要とするボディシェルをそうたくさん作ることはできません。そこでボディシェルは各車で共用することになります。ポンティアックは初めシボレーとボディシェルを共用して生まれましたが、途中からポンティアックの上位モデルはオールズモビルやビュイックの下位モデルのボディシェルを使うようになります。

ポンティアックは常におっとりとした大衆車としては品のよいクルマで、そんなところから家庭婦人用とされていました。例えばポンティアックは長く高性能には関心がなかったようで、エンジンは6気筒も8気筒も直列のSVに固執し、V8を採用したのはやっと1955年のことで、これはアメリカ車でも最も遅いV8への転向でした。デザイン的にも中庸を得た、いかにもアメリカ車らしいものでした。特徴といえば羽根飾りを付けた酋長の頭部を象ったマスコットと、1936年型から付いた〝シルヴァー・ストリーク〟と呼ばれるグリルからボンネットの上面へと流れる細かいクロームの縞模様くらいのものでした。でも隠居は1955年のポンティアックなんか、割りに控えめでバランスもよく、とても好きでしたよ。

そのポンティアックが、自らマセラティのギブリか何かを駆り、「自動車会社のトップ

1955年ポンティアック・スターチーフ・カスタム・"サファリ"。シボレー・"ノマッド"と同じスペシャルワゴン。

1955 Pontiac

る者はこういうクルマに乗らなければいけない」と言って憚らないデローリアン氏がディビジョン・マネージャーになった1960年代に、突然ムキムキのマッスルカーに変身するのですから、GMのような大組織でもひとりの人の力って大きいんですね。でもあのボンネヴィルとグランプリとファイアーバードとGTOのポンティアックがあっさりと消されてしまったのです。「ビジネスの世界って非情だなあ」とつくづく思いますね。

さて、GMの本当の再生を心から願いながら、次はどこへ行きましょうか。

上：1959年ポンティアック。ワイド・トラックで俄然スポーティーさを強調。

下：1958年ポンティアック・"ボンネヴィル"。この年シルヴァー・ストリークがなくなった。

57 　＜アメリカ、ミシガン州ポンティアックより　1955年ポンティアック＞

第2章

ドイツからの便り

第12話 ドイツ、シュトゥットガルトより 1948年ポルシェ356

ポルシェと言えば、ひとりドイツのみならず、今や世界を代表するスーパー・スポーツカーのひとつと言っていいでしょう。もしポルシェがなかったとしたら、その存在の偉大さに改めて気づかされます。私は今シュトゥットガルト、ツッフェンハウゼンのポルシェ本社工場の前におります。

シュトゥットガルトはドイツの南西の角に位置するバーデン・ヴュルテンベルグ州の州都で、ネッカー河畔に立地します。人口100万弱のこぢんまりとして静かな中都市ですが、古くからキリスト教ルーテル派の管区で、中世からの教会が少なくありません。古くからの交通の要衝で、出版、機械産業、精密機器、化学工業などで栄えました。

クルマ好きにはシュトゥットガルトと言えば何をおいてもメルセデス・ベンツでしょう。ゴットリープ・ダイムラーが最初の高速ガソリン・エンジンや史上初の木製フレームのモーターサイクルを作ったバート・カンシュタットはこの近くですし、市内のウンタートゥルクハイムにはダイムラーの本社工場が、郊外のジンデルフィンゲンにはボディと最終組み立て工場があります。そしてもうひとつ、VW（フォルクスワーゲン）の生みの親としてあまりにも名高いボヘミアの人、フェルディ

1948 Porsche 356

1938年のヴォルフスブルク工場起工式におけるフォルクスワーゲン・タイプ38。この時すでにカブリオレとサンルーフ付きのゾンネンダッハ・リムジンがあった。

ナント・ポルシェ（1875〜1951年）は、自動車技術史上最も多作で、自動車の発展に最も大きく貢献した技術者でした。1938年にVWの最終生産型へ到達する以前にも、オーストリアのローナー、同アウストロ・ダイムラー、ドイツのダイムラー・ベンツ）、オーストリアのシュタイアなどで実に多くのクルマを残していますが、ここにはそれらについて述べる余裕は残念ながらありません。

ポルシェは55歳の1930年12月、ついに独立してここシュトゥットガルトに名誉工学博士フェルディナント・ポルシェ有限会社を設立します。自動車メーカーの注文に応じて新型車を開発する設計事務所で、それまでの各社でポルシェの薫陶を受けた技術者たちが、馳せ参じていました。主任設計者がアウストロ・ダイムラー時代からの助手、カール・ラーベで、ボディ・デザイナーは元ダイムラー・ベンツのエルヴィン・コメンダ、数学者で流体力学の権威ミクル、シュタイアから来たフレーリヒとツァラドニク、元シュコダで空冷エンジンの専門家ヨーゼフ・カレスなど錚々たるメンバーで、ポルシェの長男でロバート・ボッシュ社での徒弟教育を終えたばかりの弱冠21歳のフェリーも加わりました。

この会社の仕事は、カーメーカーの求めに応じて新型車を開発したり、新型車の提案を行なうことで、その第一号は1932年の6気筒2ℓのヴァンダラー（ポルシェ・タイプ7）でした。いろいろなメーカーに提案してVWを結実させたのも、1934年以降のアウト・ウニオンGPカー（ポルシェに由来するいわゆる〝P〟ヴァーゲン）を開発するのもこの会社です。ポルシェはイデオロギーにはまったく無関心でしたが、第二次大戦中は純粋に技術的興味から、タイガー戦車の砲塔やマウス戦車などを設計、結果としてナチスに協力することになります。

1939年のベルリン―ローマ・レースのために作られたポルシェ・タイプ64。ポルシェ356の祖先。

〈ドイツ、シュトゥットガルトより　1948年ポルシェ356〉

その結果、戦後に戦犯に問われ、フランスに拘束されます。オーストリアのグミュントに疎開していたポルシェ社はイタリア、トリノの少壮実業家ピエール・デュジオの求めに応じて過給機付き1.5ℓ、フラット12ミドエンジンの4WDグランプリカー、ポルシェ・タイプ360チシタリアGPを設計します。その設計料はポルシェ博士の保釈金に使われたといわれています。余談ながらこのチシタリアの製作のためにグミュントからトリノに派遣されたのが、後にイタリアに住みついてアバルトを生むカルロ・アバルトと、アルファ・スッドを生むルドルフ・フルシュカなのです。

ポルシェ博士は1947年8月に解放されてグミュントに帰りますが、その時すでにカール・ラーベとフェリー・ポルシェを中心とする技術陣はVWをベースとしたスポーツカーの設計を進めていました。その図面を見たポルシェは「私にもこれ以上のクルマは設計できない」といって、細部の2、3の指示を与えただけだったといいます。そして1948年から1949年にかけてグミュントで50台がほとんど手作りされたのが最初のポルシェ356です。

実はポルシェは戦前の1939年9月に計画されながら戦争のために実現しなかったベルリン―ローマ間の長距離高速ロードレースのために、VWのスペシャルを3台作っています。当時まだ704ccまたは984ccだったエンジンを1131ccに拡大、ルーツ・スーパーチャージャーで40馬力に強化したシャシーに、空力的なシングルシーター・クーペをアルミニウムで着せたもので、140km/ℓが可能であったとされます。この VW ベルリン―ローマを2シーターとして復元したのが、最初のグミュント製356で、

1948 Porsche 356

上：1951年のルマンで総合1位、1100ccクラス1位になったフランス人クルーの356グミュント製ライトウェイト・クーペ。

右：ポルシェ356の第1号車はミドエンジンだった！傍らに立つのはフェルディナントとフェリーのポルシェ父子。

62

1131ccエンジンをさらに特製のヘッドとツイン・キャブレターで40馬力にチューン、ボディもアルミニウム製でした。面白いことに最初の356はオープンで、VWエンジンを前後逆にして後車軸の前に置いたミドエンジンでした。しかしクーペでは広い室内に多少のラゲッジ・スペースを設けるためにリアエンジンに戻され、空冷水平対向リアエンジンはその後のポルシェの基本として今日にまで至っています。

1950年にはここツッフェンハウゼンのコーチビルダー、ロイターの工場敷地のうち500㎡を借りてポルシェ356のドイツでの本格的生産が始まります。ボディはロイター製で、生産性を高めるためにプレスによるスチールになりました。1951年のルマンには、ファクトリーに残された4台のグミュント・クーペがエンターされ、フランス人ドライバーの操縦する1台が総合21位になり、1100ccクラス1位になります。以来ポルシェは一度もルマンを欠席していません。

ポルシェ356は年々改良され、大幅に性能も向上して1965年まで生産されましたが、VWベースとしてはもや改良の余地のないところに達しており、1963年にシャシー、ボディを一新した6気筒の911に発展します。その基本的な成り立ちが50年近い今日まで継承されているのは、変化の激しい自動車界では驚異的なことです。

上：1947年のポルシェ・タイプ360 チシタリア・グランプリ。水平対向12気筒、DOHC、ルーツ過給機付きミドエンジン、4WD。

右：1964年ポルシェ911。フェンダーに腰掛けているのは、ボディをデザインしたフェルディナント・アレクサンダー・ポルシェで、フェルディナントの孫、フェリーの子息。

＜ドイツ、シュトゥットガルトより　1948年ポルシェ356＞

第13話 ドイツ、ケルンより 1954年フォード・タウヌス12M

グーテンターク！ 隠居はいまドイツ北西部ノルトライン・ヴェストファーレン州のケルン市に来ております。州都は旧西ドイツ以来の首都だったボンで、そのボンと北のデュッセルドルフの間にあるのがケルン市です。ケルンは市の東寄りを大河ラインが南から北へ、北海に向かって悠然と流れています。昔から河港として栄えた商都で、有名なハンザ同盟都市のひとつの自由通商都市です。

DB（ドイツ鉄道）のケルン中央駅の傍らには有名な大聖堂が聳えていますが、その裏のライン河畔に立つと、対岸に大きなメッセ会場が見えます。ここでは二年に一度、世界最大の写真と映像の見本市 "フォトキナ" が開催されます。メッセ会場よりちょっと上流のライン右岸に背の高いビルがありますが、これがヨーロッパ・フォードの中枢であるドイツ・フォードの本社ビルです。資本主義の申し子のようなアメリカの大自動車メーカーは、つねに拡大を続けなければ死んでしまうかのようです。それはちょうど鮫がつねに泳ぎ続けなければ死んでしまうと言われるのに似ています。それはいわば「経済的覇権主義」とも言うべきものです。

フォードは1903年の創立から間もなくカナダに進出、1911年にはイギリス・フォー

―1954 Ford Taunus 12M

タウヌスの名の付いた最初のドイツ・フォード。1939年発表。

ドを設立しています。第一次大戦終結から6年目の1924年にはベルリンにドイツ・フォードを設立、T型フォードの組み立てを開始しています。さらにフォードは1930年にケルンのライン河畔に広大な新工場を建設します。この時にケルン市長として熱心に誘致したのが、第二次大戦直後の西ドイツの奇跡の経済復興を主導するコンラート・アデナウアー博士でした。新工場の起工式にはすでにエドセルに社長の座を譲っていたヘンリー・フォードも出席、「私はドイツのために工場を建てに来たのだ」と演説しました。

フォードは自らユニバーサル・カーと信じて疑わないT型に続き、A型、B型、V8――と、本国と同じモデルを現地生産します。しかしヨーロッパでは大きく、燃料を食いすぎると知ったフォードは、1933年に4気筒SV、933cc、21馬力の小型車を"ケルン"の名で発売します。ダーゲナムのイギリス・フォードもほとんど同じクルマを"モデルY 8馬力"として生産しますが、スタイリングも、前後とも横置きリーフのサスペンションも、アメリカ・フォードをそっくり小さくしたような設計でした。

"ケルン"は1935年に1157cc、34馬力の"アイフェル"に発展、さらに1939年には1172cc、34馬力の"タウヌス"になります。アイフェルはフランクフルトの西方、タウヌスは同北方にある山地の名前です。第二次大戦中、アメリカ資本のフォードが微妙な立場に置かれたであろうことは想像に難くありませんが、戦争が終わると1948年に戦前型を手直ししたタウヌスで生産を再開します。戦前のタウヌスは1938年の米フォード・デラックスを小さくしたような2ドアの流線型リムジーネ（ご存知のとおりドイツではセダンをこう呼びます）でしたが、戦後型は1946～48年型アメリカン・フォード風のグリルやトリミングを与えられていました。戦後のタウヌスは1951年までに7万3000台も

1951年発表の最初のタウヌス12M。

65　　＜ドイツ、ケルンより　1954年フォード・タウヌス12M＞

生産され、VW1200、オペル・オリンピア、メルセデス・ベンツ170に次ぐ戦後間もない頃のドイツのベストセラーのひとつになります。

しかし1939年以来の基本設計はいかんともしがたく古くなってきました。そこで1952年に満を持して発表したのが"タウヌス12M"です。エンジンこそ戦前からの4気筒SV、1175ccを38馬力にチューンしたものでしたが、そのほかの点では12Mは完全な新設計でした。すなわち2ドア・セダンはモノコックになり、前輪懸架は1949年型米フォードを追ってダブル・ウィッシュボーンとコイルの独立に、後輪もリーフ・スプリングによるホチキス・ドライブになりました。

しかし何と言っても大きく変わったのはボディのコンセプトで、これも大成功を収めた1949年の米フォードのラインに従っています。すなわち戦前からのプレーン・バックからモダーンな3ボックスのフル・ウィズになり、大きな前後ウィンドシールドには曲面ガラスを入れています。特にボディ側面はのっぺりと平らで、フェンダーの峰がウェストラインの高い位置を直線的に走り、その先端の高い位置にヘッドライトが、後端にテールランプが付いたいわゆる"フラッシュサイド"スタイリングを採用しています。

ポンツーン形とも呼ばれるフラッシュサイド型式に量産車として初めて成功したのは1949年の米フォードでした。それ以前にも同じアメリカの1947年のカイザー/フレイザーのようにフラッシュサイドに挑戦したクルマはありますが、疾駆するクルマのスタイリングとして完成させたのはジョージ・ウォーカーがデザインした1949年フォードだったのです。ウォーカーは1949年型のデザインに当たって、ヘンリー・フォードII世がリノ・ショーの会場で買ってきたピニンファリーナ・デザインの1946年チシタリアにお

———— 1954 Ford Taunus 12M

上：タウヌスの後姿。1955年の15M。
右：1955年タウヌス15M。

66

おいに触発されたとされています。

本国の1949年型で成功したのですから、1951年に発表されたドイツのタウヌス12Mとイギリスの"コンサル"にも、他のヨーロッパ車に先駆けてフラッシュサイドが応用されたのは自然の成り行きでした。しかしコンサルのフェンダー・ラインは茫洋として、スピード感に欠けると批判されたのに対し、タウヌス12Mは視覚的重心がやや前寄りにあり、メリハリがしっかりしていて速度感があると評価されました。ただしフロント・エンドは1949年米フォードのセンター・スピンナーを意識したのか、1950年スチュードベーカーに影響されたのか、いずれにしても不消化で、いささか子供っぽい感じが残ります。その点コンサルのグリルには一日の長が認められます。

スタイリングを除けばタウヌス12Mは平凡で、むしろつまらないクルマでした。しかし戦後のヨーロッパに、ヨーロッパ車のサイズとアメリカ車のスタイリングを融合させた新しいスタンダードを築いたクルマとして記憶されるべきでしょう。1955年、4気筒エンジンはようやくOHV化されて1498cc、48馬力となり、同じボディでタウヌス15Mになります。

その後についてはまたいつかお便りしましょう。ご機嫌よう！

上：1956年タウヌス15Mデラックス。アメリカ車を真似た醜いマスクとツートーンの塗り分けをもつ。

右：1955年に15Mが出た後の12M。グリルが変わった。

＜ドイツ、ケルンより　1954年フォード・タウヌス12M＞

第14話　ドイツ、ブレーメンより
1954年 ボルクヴァルト・ハンザ1800

今、往年のハンザ同盟（1358年に結成された北西ドイツの自由貿易都市の連盟）の中心都市のブレーメンにおります。ドイツの北西端のニーダーザクセン州の大都市で、80kmほどで北海に注ぐヴェーザー河の河岸にあり、大型の外洋船が遡ってくる河港があります。そのため昔から通商の一大拠点になっているほか、造船や製鉄、石油の精製などが盛んでした。ドイツにはアメリカのデトロイトやイギリスのコヴェントリー、イタリアのトリノのような自動車産業が集中した都市はなく、自動車会社はほぼ全土に分散していました（いや今でもそうです）。そしてブレーメン市も今はなきボルクヴァルト・グループの本拠地でした。

ドイツにドクター・カール・F・W・ボルクヴァルトという自動車技術者がいました。同博士については詳しいことはほとんど知られていませんが、優れた自動車技術者であると同時に、有能な企業家でもあり、またかなりの野心家でもあったようです。現代に似た存在を求めればドクター・フェルディナント・ピエヒといったところでしょうか。彼は古い2社が1914年に合併したブレーメンのハンザ・ロイト社を買収、さらに主として三、四輪の小型商用車のゴリアートを生みだしました。1939年からはハンザ車の一部に自らの名を冠したボルクヴァルト車のゴリアートを販売しました。

―――― 1954 Borgward Hansa

1952〜54年ボルクヴァルト・ハンザ1800 4ドア・リムジーネ。1949〜51年までのハンザの名称が付く前と、補助灯の位置などが違うだけでボディは同じ。

第二次大戦後は小型車のハンザとミニカーのロイトを復活させるとともに、新設計の本格的な自主ブランドのボルクヴァルト車を登場させます。それが1949年のジュネーヴ・ショーで衝撃的なデビューを果たしたボルクヴァルト1500で、4気筒OHV、1.5ℓ、48馬力のエンジンをもつ、ホイールベース2.6m、全長4.5mの5人乗り中型実用車です。

4ドアのリムジーネ（ドイツ語でセダンのことです）のほかに2ドア・リムジーネと、2ドアのカブリオレ、コンビもありました。ドイツは日本と同様、1945年に戦争に敗れ、そのうえ東西に分断されて国力はひどく低下していましたが、それでもこんな新型車を生みだし、しかも4種ものボディ・バリエーションを揃えたのは驚くべきことです。だって日本でダットサン110とトヨペット・クラウンが登場するのはそれから6年後の1955年のことで、しかもセダン1種を作るのが精一杯だったのですから。

1949年の最初のボルクヴァルトは、ひとつの点で非常に画期的でした。それはボディスタイリングで、前後のフェンダーが独立せず、平らなひとつの面でつながったいわゆるフラッシュサイドだったことです。前に書いたように、完全なフラッシュサイドを採用した初の量産車は1947年のカイザーとスチュードベーカーで、スタイリングとして完成したのは1948年秋に発表された1949年型の米フォードでした。ボルクヴァルトはそれから半年ほどでヨーロッパ初のフラッシュサイドの量産車を発表したわけで、大きなセンセーションを巻き起こしました。1949年のフォードや、さらに1954年のドイツ・フォード・タウヌス12Mのきりっとしたフラッシュサイドに比べれば、ボルクヴァルト1500のそれはカイザー／フレイザー的にボテッと丸く、漠然としていましたが、ヨーロッパの量産車としてこのスタイリングに先鞭をつけた功績はけっして小さくなかったと思います。

1952〜54年ボルクヴァルト・ハンザ 1800 4ドア・リムジーネ。

＜ドイツ、ブレーメンより　1954年ボルクヴァルト・ハンザ1800＞

1952年には横置きリーフスプリングの前輪独立懸架をもつシャシーも、フラッシュサイドのボディもそのままに、エンジンを1.8ℓ、60馬力に拡大強化して、136km/hのボルクヴァルト"ハンザ"1800に発展します。この時から歴史あるハンザの名前がボルクヴァルトの1シリーズ名になったわけです。1800には42馬力のディーゼルもありました。同じ1952年にはホイールベース2.62mの大型の4ドア6ライトのプレーンバック・セダンに、直列6気筒OHV、2.4ℓ、82馬力のエンジンを搭載した150km/h級のハンザ2400も発売されます。そのボディは今見てもかなり空力的で、特に後端を切り落としたようなサイドビューは、ウンベルト・カム教授の理論に従ったいわゆる"カムテイル"だとされました。ヤーライ以降のドイツの流線型の試みが結実したようなハンザ2400は、メルセデスの220S/SE

― 1954 Borgward Hansa

上：1952年ボルクヴァルト・ハンザ2400。カムテールをもつ。

左：1952～54年ボルクヴァルト・ハンザ1800カブリオレ。

のライバルに擬せられましたが、それほどは売れなかったようです。車重が1・8トンもありましたから、空力的なボディによって速度が出てしまえば最高速度は伸びたでしょうが、加速は鈍かったに違いありません。

1954年にはハンザ1800はボルクヴァルト・"イザベラ"に道を譲ります。ぐんとモダーンになったボディは2ドアのみで、エンジンも新設計の4気筒OHV、1・5ℓ、60馬力になりました。ハンザ1800とほぼ等しいサイズでエンジンは小さくなりましたが、同等の性能を維持しました。75馬力に強化したイザベラTSや、VWカルマン・ギアに刺激されたようなイザベラ・クーペもあり、最盛期の1959年頃には年間4万台近くものイザベラが作られました。1960年には現代風なモノコックボディに4輪エアサスペンションの"2300"を発表しますが、10カ月もしない1961年にボルクヴァルトは倒産してしまいました。ひとつの自動車会社が倒産するには多くの原因があったでしょうが、ひとつにはカール・F・W・ボルクヴァルト博士のワンマン体制から脱却できなかったからだと言われています。

それではまたお手紙します。

上：1953年にポルシェの向こうを張って造られたボルクヴァルト1500レンシュポルト・クーペ。しかしポルシェの敵とはなり得なかった。

右：1960年ボルクヴァルト2300。エアサスペンションの野心作だったが……。

＜ドイツ、ブレーメンより　1954年ボルクヴァルト・ハンザ1800＞

第15話 ドイツ、ブレーメンより
1951年 ゴリアートGP700

今もユトランド半島（デンマーク）のつけ根にあるブレーメン市にいます。ニーダーザクセン州のブレーメンは人口60万ほどの中都市で、中世の有名なハンザ同盟の構成メンバーでもあった街です。ヴェザー河は北のブレーマーハーフェンで北海に注いでいますが、上流のブレーメンまでかなりの大型船が遡上してきます。

ドイツには一極に集中した"モータウン"がなく、自動車工場は全国の都市に分散していると書きましたが、そんなドイツのなかで、ブレーメンにだけはいくつかの中小メーカーが集まっていました。まず1906年にはノルトドイッチェ（北ドイツ）ロイト造船会社の子会社ノルトドイッチェ・オートモビル・ウント・モートルラート社が設立され、ロイト車の生産を始めます。1914年にビエルフェルトにあった1906年創業のハンザ自動車株式会社と合併してハンザ・ロイトとなります。1929年にはある人物がこのハンザ・ロイトを買収して経営に乗り出します。その人の名はカール・F・W・ボルクヴァルト、先の手紙にも登場しましたね。彼は1931年にゴリアートという新ブランドを立ち上げ、社名もハンザ・ロイド・ウント・ゴリアート・ヴェルケ・ボルクヴァルト＆テックルンブルクと改

———— 1951 Goliath GP700

1951年ゴリアートGP700 ゾンネンダッハ・リムジーネ。日本にも固定ルーフが何台か入った。

72

めます。今回はこのクルマの話です。

ボルクヴァルトは初めゴリアートを商用車ブランドにしたかったようで、そのため伝説上の巨人(実は聖書の中ではダビデに退治されてしまうのですが)の名を付けたようです。ゴリアートの最初の製品は軽量の三輪と四輪のバンでした。1931年には専門のメーカー、イロ社の空冷単気筒2ストローク、198ccのエンジンで後2輪を駆動する三輪乗用車ピオニールを発売、1933年まで生産します。その後はまたコマーシャルバンのみに立ち帰ります。

このゴリアートが乗用車生産に復帰するのは第二次大戦後の1950年のことです。戦後のロイトはミニマム・トランスポート、ボルクヴァルトは中型の中級車と位置付けられるのに対し、ゴリアートはやや高性能な小型車を目指していました。それにボルクヴァルト博士はゴリアートをさまざまな新機構のテストベンチにしようとしていたようにも思えます。戦後最初のゴリアート乗用車は、VWカブト虫よりちょっと小さい小型大衆車GP700でした。700はVWの1200ccの60%弱にしですが、700ccではVWの1200ccの60%弱にし

上:1933年ゴリアート・"ピオニール"。

左:1953年ゴリアートGP700シュポルト。

73　＜ドイツ、ブレーメンより　1951年ゴリアート＞

かなりませんよね。その秘密はGP700が2ストローク・ツインだという点にあります。たった2気筒でスムーズに回るのかと疑問に思われる方もありましょうが、2ストロークはクランクシャフトの1回転に1回燃焼が起こりますので、クランクシャフトのトルクのむらが少なく、複雑な動弁機構もないので、2気筒あればかなりスムーズに回ります。

そのうえGP700はFFを採用しています。小型ではFRにすると後車軸にパワーを伝えるプロペラシャフトの重量と、揺動するプロペラシャフトが室内から奪うスペースがバカになりません。コレを回避するにはRRかFFにするしかありませんが、初期には1957年発表のフィアット・ヌオーヴァ・チンクエチェントにまで達しました。FFを真に実用化したのは1959年のアレック・イシゴニスのBMC ADO15 "ミニ"であることはよくご存知のとおりです。しかしミニ以前にも敢然とFWDに挑戦した小型車がなかったわけではなく、なかでも成功したのはドイツのDKWで、1931年の"F1"からそれを採用しています。そうそうDKW F1は2ストローク・ツイン・エンジンによるFFで、ドイツにはこの組み合わせの技術的伝統があったと言えます。余談になりますが、1950年のスウェーデンのサーブ92も内容的にはDKWに倣ったクルマです。

DKWは言うまでもなく今日のアウディの遠い祖先のひとりですよね。

GP700は688cc、24馬力で、4段シンクロメッシュ・ギアボックスと組み合わされました。ホイールベース2.3mのシャシーはチューブ状のバックボーンフレームに、前輪だけ独立で後輪は板バネで吊ったリジッドのサスペンションをもちます。2ドア・リムジーネのボディはフラッシュサイドをもつ、モダーンだが今見ると何とも丸っこいデザインです。

1951 Goliath GP700

1956年にフェイスリフトを受けたゴリアート GP700V。

車重は870kgと軽いんですが、最高速度はやっと100km/hに届く程度、その代わり15km/ℓ近くも走りました。間もなくエンジンを拡大したGP900も設けられます。GP700とGP900には2座の流線型クーペ"シュポルト"も作られます。それはちょうどポルシェ356クーペをひと回り小さくし、FFにしたようなデザインで、"ミニ・ポルシェ"と言ってもいいようなクルマでした。GP700シュポルトに例を採れば、32馬力、780kg、125km/hに性能を上げています。それは燃料噴射です。この32馬力を得るのに、ゴリアートは画期的な機構を採用しています。それは燃料噴射です。その詳細は今となってはわかりませんが、混合気をクランクケースで圧縮してシリンダーへの排気と充填を行なう2ストロークのことですから、直接噴射ではなくクランクケースへの噴射だったのでしょう。いずれにしてもメルセデス・ベンツ300SLガルウィングが燃料噴射を採用するのは1954年のことですから、ディーゼルを別とすれば史上初の燃料噴射の市販乗用車だったのではないでしょうか。先にボルクヴァルト博士がゴリアートを新機構の燃料噴射のテストベンチにした、と書いたのはこのことです。

燃料噴射はGP700とGP900のリムジーネにも注文することができました。

ゴリアートは1957年に水冷のフラット・フォア・エンジンに発展します。そのクルマは翌1958年からハンザ1100として前輪を駆動する"1100"に発展しますが、そのクルマは翌1958年からハンザ1100として販売されるようになり、ゴリアートの名は1959年に消滅します。ボルクヴァルト・ハンザという名前を使ったこともあり、製品系列は複雑に入り組んでいます。ああ、ややこしい！ 1963年、ボルクヴァルト・グループは自動車業界から完全に撤退していきました。

さて次はどこへ参りましょうかね。

1956年ゴリアートGP700E。オリジナルのGP700に比べてウェストラインから上がモダーンに改造された。

＜ドイツ、ブレーメンより　1951年ゴリアート＞

第16話 ドイツ、ジンデルフィンゲンより
1954年 メルセデス・ベンツ300クラス

お送りしている手紙では1950年代の平凡な実用車、めったに語られることのない珍しいクルマを採り上げてきました。この大方針に変わりはありませんが、あまり馴染みの薄いクルマばかりでは読んでいただけないでしょうから、思い切って超有名なクルマについて語ることにしました。隠居は今、ドイツ南西端バーデン・ヴュルテンベルグ州の州都シュトゥットガルト近郊のジンデルフィンゲンに来ています。シュトゥットガルトといえば言うまでもなくメルセデス・ベンツとポルシェの生まれ故郷で、ジンデルフィンゲンにはメルセデス・ベンツ乗用車のボディ工場があります。ボディ工場ですからウンタートュルクハイムをはじめとする工場からメカニカル・コンポーネンツが運ばれてきて、ここで完成したボディに組み付けられ、1台のクルマが出来上がります。要するに最終組み立て工場でもあるのです。この正面入口

1954 Mercedes-Benz 300

上：1951〜54年 "300A"。115馬力、160km/hの初期型。まだホイールはメッキされていない。

右：1954〜55年 "300B"。圧縮比を6.4から7.5に引き上げて125馬力、163km/hになった。

は立派なカスタマーセンターになっており、玄関を入ると広いロビーに銀行やビデオ室、ブティックなどが並んでいます。

あっ、今ひとりのお客さんが入ってきました。彼は受付でドイツのどこかの町の真新しいナンバープレートを抱えています。彼は受付でナンバープレートを手渡して手続きを済ませると、隣の銀行で支払いをします。その後ビデオルームに招き入れられた彼は、工場でクルマが入念に組み立てられる様子のようなワゴンを4～5台つなげた自動車列車に乗せられます。さらに四角いガラスのキューブのクルマは先ほどのナンバープレートを付けたメルセデスの新車が待っています。「あなたのクルマはこんなに入念に作られています」というわけです。ひと回りして戻ると玄関前に嬉しそうにクルマに乗ると、自分の町へと帰っていきます。

今回の主人公 ″300″ は1951年に誕生した、戦後西ドイツで最大、最高級のプレスティッジカーです。ドイツは第二次大戦で1944年に敗戦していますから、それからわずか7年でこんなにも立派なクルマを作り上げてしまったことに、まず驚かされます。同じ第二次大戦の敗戦国であるわが国で1951年といえば、まだトラック・シャシーのダットサン・デラックスやスリフト、トヨペットSB、オオタPAの頃なんですから。戦前の技術的蓄積があったということでしょう。

戦前のメルセデスには1938～40年に770Kグローサーという巨大なクルマがありました。ヒトラーやゲーリングなどに愛用され、好むと好まざるとにかかわらず、ナチスにより国威発揚の具とされたクルマです。300はその770Kのプルマン・リムジーネを縮小し、パーテーションを取り除いてインネンレンカー(サルーン)としたものです。ホイールベー

1955～57年 "300C" 最終的にポート・インジェクションで160馬力、170km/hになる。

＜ドイツ、ジンデルフィンゲンより　1954年メルセデス・ベンツ300クラス＞

ス3・05mの4ドア6ライト、セダンは全長5・06m、車重1・9トンもあります。しかしエンジンは直列8気筒7.7ℓの770Kの半分以下のわずか3ℓで、しかもスーパーチャージャーは付いていません。

300のエンジンは直列6気筒SOHC、7ベアリングの2996ccで、2個のソレックス・キャブレターで115馬力を出しました。コラムシフトの4段シンクロメッシュ・ギアボックスを備え、160km/hを出せたと言いますから、よほど効率がよかったのでしょうね。シャシーも770Kのそれを近代化したもので、太い鋼管のX形フレームに、全輪コイルの独立懸架をもちます。前輪はダブルウィッシュボーン、後輪はスウィング・アクスルです。

300は細部の違いによりA、B、Cと発展、1957年までに7246台作られ、別に4ドア4ライトのコンバーティブルが昔懐かしい"カブリオレD"の名で707台作られました。300は西ドイツのアデナウアー初代首相をはじめとして、各国の元首級の公式乗用車として多用されました。300C時代の1956年頃からボーグ・ワーナーの3段自動変速機も装備可能になり、また燃料噴射付きの160馬力エンジンも採用されました。

1957年には4ドア・ハードトップの300Dに発展、1962年までに3077台が生産されました。300も300Dも日本で見られました。例えば当時の産経新聞社の社長用車はシルバー・メタリックの300Dでした。

1952年には300のホイールベースを2・9mに短縮、2ドアのボディを載せたスポーティーな300Sが発表されます。3ℓエンジンを3キャブレターで150馬力に強化、177km/hまで出せるようにした超豪華ファスト・トゥアラーで、あの300SLより高価でした。ボディにはカブリオレA、ロードスター、クーペの3種がありました。戦前

———— 1954 Mercedes-Benz 300

1952年"300S"カブリオレA。圧縮比7.7の3キャブレターで150馬力、176km/h。戦前の540K（8気筒5.4ℓ、スーパーチャージャー付き180馬力、170km/h）の再来だが、性能はそれを凌駕した。

のメルセデスには380、500K、540Kなど一連の直列8気筒の豪華スポーツ・ラクシュリー・モデルがありましたが、300Sはまさに540Kの戦後版でした。300セダンより、より深いV形に折れたラジエターなどに、往年の540Kの俤が再現されています。1955年にはインレット・ポートへの燃料噴射で175馬力、180km/hに性能向上した300Scに発展します。300Sと300Scはまさにポスト・ヴィンティッジ・サラブレッドの戦後の生き残りとも言うべきクルマです。1958年までに760台が生産され、日本でもごく少数ながらカブリオレAが見られました。

実は300SLについても書こうかと思っていたのですが、すでに紙数が尽きてしまいましたので、それについてはまたいつの日かお便りしましょう。それじゃまた。

"300S"／"300Sc"のボディ型式3種。上からカブリオレA、ロードスター、クーペ、当時のカタログ・イラストレーションより。

1955年 "300Sc" カブリオレA。ポート・インジェクションと圧縮比7.88で175馬力、180km/h。カブリオレの幌はこれ以上小さくは畳めない。

＜ドイツ、ジンデルフィンゲンより　1954年メルセデス・ベンツ300クラス＞

第17話 ドイツ、インゴルシュタットより 1954年DKW

今ドイツ南部バイエルン（ババリア）州の小さな町インゴルシュタットに滞在中です。バイエルン州の州都でBMWの本拠地ミュンヘンから北へ80km足らずの所にあり、ダイムラー・ベンツとポルシェのあるシュトゥットガルトからは東へ170kmほどです。ドイツ南東の角シュヴァーベン・アルプスに源流をもつドナウ（ダニューブ）河のたもとにある人口7万人ほどの町で、古くから織物や機械を産しました。ゴシックの大聖堂があり、1472年設立という大学は1800年にミュンヘンへ引っ越したと言います。ここヨーロッパの中央部にもようやく遅い春が訪れようとしています。

えっ？ 何でインゴルシュタットなのかですって？ おわかりになりませんでしょうか。ここは今をときめくアウディの本社工場の所在地なんです。現在のアウディの直接の祖先は、戦後に西ドイツで再興されたアウト・ウニオン社のDKW（デー・カー・ヴェーと発音します）で、それは北西ドイツ、ノルトライン・ヴェストファーレン州のデュッセルドルフ工場でスタートしましたが、1961年に同工場をダイムラー・ベンツ社に譲って、ここインゴルシュタットに本社を構え、大工場を建設したのです。

DKWの創始者は案に相違してデンマーク人のイョルゲン・スカフテ・ラスムッセン

1954 DKW

（1878～1964年）でした。幼くしてドイツで機械技術を学んだ彼は、1904年に友人とケムニッツに工場を持ち、さまざまな機械を造ります。その中心は蒸気機関の付属品でしたが、その経験を生かして1917年には大型の蒸気自動車の試作に成功します。

そしてドイツ語で蒸気自動車を意味するDampfkraftwagenを略してDKWと名付けたのです。この蒸気自動車は商品化されませんでしたが、第一次大戦直後の1919年に、ライプツィヒの春の見本市に出品した自転車用の2ストローク25ccの補助エンジンは大成功を収めます。それはDer Krein Wunder(小さな驚異または奇跡）という意味でDKWと呼ばれます。同時にDes Knaben Wunsch(少年の希望）の略とも説明されました。

その後他社を買収して2ストロークのモーターサイクルも生産、大ヒットとなります。1928年には何と世界最大のモーターサイクル・メーカーを豪語しているほどです。そ

上：1950～52年 DKW マイスタークラッセ。これは屋根の開く、ドイツでゾンネンダッハ・リムジーネと呼ぶ形式。

左：1954年 IFA F9。東ドイツ、アイゼナッハの旧アウト・ウニオン、DKW工場のIFA人民公社の製品。ルーツが同じなので西側のDKWマイスタークラッセによく似ている。

＜ドイツ、インゴルシュタットより　1954年DKW＞

してその1928年のライプツィヒ春の見本市で、DKWは四輪車を発表、ラスムッセンの長年の夢を実現します。それはモーターサイクルと同様2ストローク・エンジンを備えていましたが、そのことは実に1966年まで続くDKWの伝統となります。最初のDKWは直列2気筒、600cc、15馬力エンジンで後輪を駆動しました。面白いのは金属製のフレームを持たず、なんと木の積層板を組み立てたモノコックでした！

1928年ラスムッセンはツヴィカウにあるアウディ社の株主となりますが、その設計室から1931年ベルリン・ショーで発表される前輪駆動のDKW"フロント"が生まれます。その後も2ストロークV4、800ccの後輪駆動車は存続しますが、2ストローク・ツインの前輪駆動車が生産の主力を占めるようになります。この前輪駆動の血は、ある意味では今日のアウディにまで流れていると言えますね。1932年、DKWとアウディは、ヴァンダラーとホルヒと合併し、アウト・ウニオン（文字どおり"連合自動車"）となります。これは1929年にニューヨークのウォール・ストリートで起きた株の大暴落に端を発する世界的な大恐慌を生き抜くために、ドイツ東部ザクセン州の4つの自動車メーカーが大同団結したものです。

第二次大戦に敗れたドイツは米英仏露の4国の分割統治となり、ザクセン州はソビエトの占領下に入り、アウト・ウニオンは解体され、すべて人民公社化されます。DKWは東ドイツでIFAとなり、そこから後のヴァルトグルクやトラバントが生まれます。それらがすべて2ストロークの前輪駆動車であるのはそのためです。いっぽう西ドイツでも旧アウト・ウニオンの残党がその再興を画策します。1949年にはこのインゴルシュタットでまず戦争を生き延びたクルマのための部品の製造が開始され、間もなく国民の足としてDKWモー

———1954 DKW

1953年 DKW ゾンダークラッセ。

82

ターサイクルが、さらに復興のためのDKWデリバリーバンの生産が再開されます。そしてついに1950年にデュッセルドルフに新工場を建設、その年の8月から乗用車の生産を始めます。

そのクルマが戦前のF8をモダナイズした"マイスタークラッセ"で、700cc、25馬力の2ストローク・ツイン・エンジンによる前輪駆動車です。もちろんもうスチール製でフレームは中央部分が大きくふくらんだ梯子形、サスペンションは前後とも横置きリーフで、前がシングル・ウィッシュボーンによる独立、後ろは鋼管のリジッドアクスルです。2ドア・リムジーネのボディは過渡期のものとしてはなかなかよくまとまっており、空気力学的にもよさそうです。その結果車重790kgでも100km/hが可能であったと言います。フォルクスワーゲンが4600マルクの時、5885マルクのマイスタークラッセは"小さな高級車"と言えたかも知れませんね。

1953年にはエンジンを直列3気筒、900cc、34馬力に強化、120km/hに性能を向上した"ゾンダークラッセ"（特別クラス）も発表します。この頃DKWは2ストロークの3気筒エンジンはパワーとスムーズさで4ストロークの6気筒に匹敵するというセールス・キャンペーンを展開、1955年型からはDKW "3=6" と改名します。ゾンダークラッセのボディはアメリカの流行を採り入れた2ドア・ハードトップで、リアウィンドーも3分割の大きな曲面ガラスから成るラップラウンドでした。1957年にはエンジンをさらに980cc、44馬力に拡大、130km/hに性能向上したモデルを出しますが、これにはDKWの名前は用いられず、"アウト・ウニオン1000"と命名していました。1000には2+2のクーペとカブリオレのスポーツモデル "1000SP" も設けられました。第1

1953年DKWゾンダークラッセのサイドビュー。

<ドイツ、インゴルシュタットより　1954年DKW>

回の日本グランプリでは1000SPクーペが活躍しました。1958年、アウト・ウニオンはダイムラー・ベンツ傘下に入り、さらに1965年にはフォルクスワーゲン社に売却されます。1969年にはVW傘下でもうひとつの古いモーターサイクル／カーメーカーのNSU（エヌ・エス・ウー）と合併し、アウディ・NSU・アウト・ウニオン社となります。この会社が現在のアウディ株式会社となったのは1985年のことです。

前後しますが、DKWは1964年にモダーンな4ドアのモノコックボディに3気筒、1.2ℓ、60馬力エンジンを積んだ"F102"を出します。このボディをひと回り大きくし、ダイムラー・ベンツ開発の4ストローク、4気筒、OHV、1.7ℓ、72馬力エンジンを積んだのが1965年に登場する"F103"です。しかし4ストロークではもはやDKWとは言えないというので、昔懐かしいアウディの名が復活したのです。その後のアウディは皆もご存知のとおり前衛的なメカニズムを持つ高性能車として発展してゆきますが、その陰で2ストロークのDKWはひっそりと消えてゆきました。DKWはシトロエンと並ぶ前輪駆動の偉大な推進者であり、また現在のアウディの直接の祖先でもあったのです。

――1954 DKW

1955年 DKW 3 = 6。ゾンダークラッセのグリルが変わり、名前も変更された。

＜ドイツ、インゴルシュタットより　1954年 DKW＞

第3章
イギリスからの便り

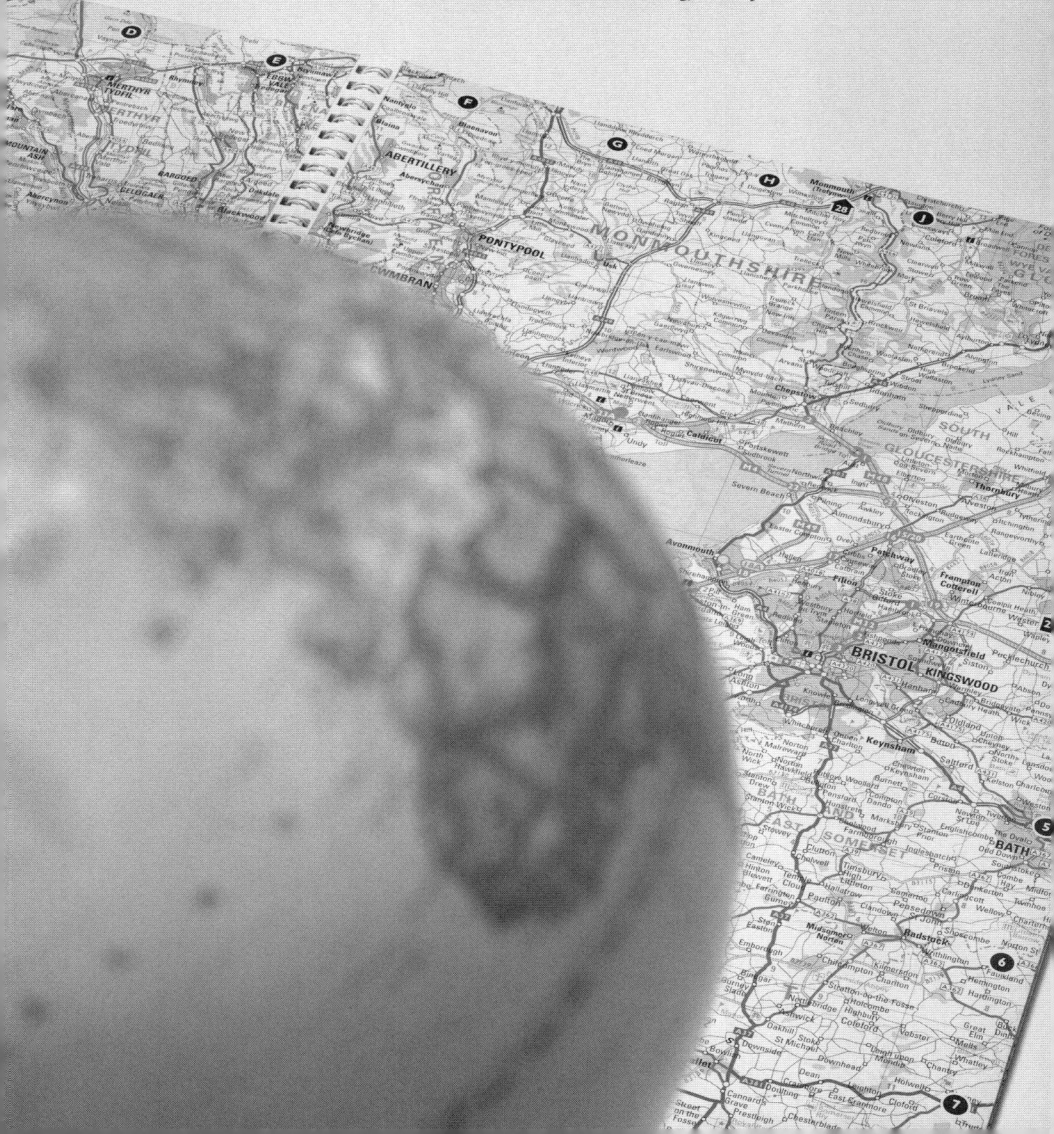

第18話 イギリス、ブリストルより
1949年ブリストル401

今、英国のグロスター州南端のブリストルの街におります。英国のイングランドは南西の端で細長く突き出したコーンウォール半島と、その北方のウェールズとの間にブリストル湾が深く切れ込んでいます。その最深部のセヴァーン河の河口にあるのがグロスターですが、ブリストルは湾の中ほどのイングランド側にある都市です。エイヴォン河の河口に開けた人口45万人ほどのかなり大きな街です。昔から羊毛や、奴隷などの貿易で栄えた港町で、また食品加工なども盛んだったといいます。もうひとつ20世紀に盛んになったのが航空機産業で、ここには1910年設立のブリストル・エアプレーン社がありましたね（そういえばグロスターにもジェット戦闘機ミーティアで知られる航空機会社がありました）。

ブリストルは第一次大戦で活躍したF・2B複座戦闘機、1929年の"ブルドッグ"戦闘機などで知られ、ジュピター、ペガサス、セントーラスなどの空冷星型エンジンは他社でも多用されました。隠居の世代では1949年に試作したブリストル167"ブラバゾン"という巨人旅客機が記憶に残っています。空冷星型18気筒2650馬力のセントーラス・エンジンを8基（！）も搭載した全備重量132トンの大型機で、素晴らしい流線型の機体をもち、480km/hも出ましたが、当時はまだ大型機の需要がなく、1953年7月に解体

———— 1949 Bristol 401

1949～53年 "401"。

86

されました。でもその後の大型ジェット旅客機のために多くのデータを残したようです。ところで戦時中に肥大化した軍需産業は、終戦とともに仕事を失うので、平和産業への転換を余儀なくされます。なかでもエンジンや機体の技術をもつ航空機会社は、自動車に進出しやすいと言えます。スウェーデンにはサーブがありますし、日本のスバルやプリンスも旧中島飛行機の工場から生まれています。そしてまた、ブリストルもクルマに進出します。その第1号は1947年のブリストル"400"で、実は戦前のドイツのBMW327を英国化したものです。

というのも、1937年に発表されたBMW327とその高性能版の328は、アッパー・ウィッシュボーンを兼ねた横置きリーフとロワー・ウィッシュボーンから成る前輪独立懸架とラック・ピニオンのステアリングをもち、戦前の英国ではスポーツカーとして高く評価されていました。6気筒の2ℓエンジンもプッシュロッドOHVなのですが、クロスプッシュロッドにより吸排気バルブをV字型に対置して半球形燃焼室とした高性能なものでした。もともと航空エンジン会社でモーターサイクルにも進出していたBMWは、1928年にオースティン・セブンをドイツで国産化したディクシーを買収して四輪車にも参入しました。1932年頃にはオーストリア出身でシュテーバーやホルヒで経験を積んだフリッツ・フィードラーが設計開発担当として入社、わずか数年のうちにBMWを第二次大戦直前の最高の2ℓ級スポーツカーに育て上げたのです。

話を英国に戻しますと、1910年から1925年に掛けてGNというきわめて高性能なサイクルカー、ライトカーがありました。車名のGはH・R・ゴッドフレイ、Nはアーチー・フレイザー・ナッシュを表わします。GNのNは1924年に独立して自身の名を

1954～55年"404"後方は"403"。

<イギリス、ブリストルより　1949年ブリストル401>

冠したフレイザー・ナッシュを生みます。それがGN時代からのチェーンとスプロケット、ドッグクラッチによるプリミティブな変速兼駆動装置をもち、"チェーンギャング"とニックネームされたクルマです。しかしそのトランスミッションで近代化の時代の波には乗れず、1934年からBMWを輸入、フレイザー・ナッシュBMWの名で販売しました。それが英国におけるBMWの名声を高めることになったのです。

ブリストル400のシャシーはBMW327と基本的に同じもので、1971ccエンジンにはシングルキャブレター付きもありましたが、多くはトリプルキャブレター付きの85馬力仕様でした。前開きドアを持つ2ドア・サルーンは、戦前のBMW327/328に似てはいるが、古臭いものでした。そこでイタリア、ミラノのカロッツェリア・スーパーレッジェラ・トゥーリングに依頼してボディを一新したのが1949年の"401"です。戦前から戦後にかけてトゥーリングがアルファ・ロメオ6C 2500やBMW328のシャシー上で試みてきた流線型を応用したグッドデザインです。401は車重1223kgで85馬力エンジンにより最高速度は159km/hに達する高性能車でした。

同時に"402"というオープン4シーターも作られました。401のルーフを切っただけのようなものですが、デザインはピニンファリーナだとされています。いずれにせよブリストルは早くもイタリアン・デザインを採用していたわけで、逆にイタリア側から見れば海外進出の第1号だったかも知れません。1953年には前輪懸架にアンチロールバーを新設、ブレーキもアルフィンドラムとした100馬力の403に発展、確実に"トン"(時速100マイル)を超えました。生産台数は400が約700台、401が約650台、402が20台、403が約300台とされています。ブリストルは高性能ではありましたが、

1949 Bristol 401

1953年ルマンの"450"

88

同時に2ℓ級スポーツカーとしては高価でもあったのです。

400は1949年の戦後第1回のモンテカルロ・ラリーで3位に入賞しています（優勝は3・5ℓのオチキス）。またBMW由来の6気筒クロスプッシュロッド・エンジンは、ACやクーパー、フレイザー・ナッシュ、リスターなどの小規模スポーツカーメーカーに供給され、メインのパワープラントとして活躍しました。さらに英国のERAのGタイプをしていくつかのフォーミュラ2グランプリカーにも使われました。ブリストルは1952年、そのERAのGタイプを買い取り、それを基に鋼管フレームにドディオン・サスペンションをもつ450を作ります。450は空力的だが実に奇怪なクーペで、緒戦の1953年ルマンでは散々な結果に終わりますが、その後のランス12時間では2ℓクラスのウィナーとなります。またモンレリーでは200マイル平均202・6km/hを始めとするいくつかの国際記録も作ります。1954年にはルマンで7/8/9位（2ℓ級1位）、ランス12時間で10/11/12位に入り、1955年ルマンでもほぼ同じ成績を残します。

1954年、403はより空力的な404に発展しますが、同時に4ドア・サルーンの405、405の2ドア・ドロップヘッドクーペ版なども出し、しだいに重いラクシュリーカーの道を歩み始めます。1958年にはボディをやや角張ったものにフルチェンジ、406となりますが、1962年にはそのボディにクライスラーの5・1ℓ、250馬力V8を積んでアングロ・アメリカン・スポーツの407に大変身します。その後のブリストルの消息はご存知のとおりです。

さて次はどこへ参りましょうか？

1954〜58年"405"サルーン。

＜イギリス、ブリストルより　1949年ブリストル401＞

第19話 イギリス、テムズ・ディットンより 1956年ACエース

今は大ロンドンの南西に接するサレー州のテムズ・ディットンという小さな村に来ています。この辺りはコッツウォルドの山に源流をもつテムズ河が、ロンドン市中心部とつながっているので、昔からロンドン市中で使われるさまざまな物資を造る小工場が散らばっていたようです。川舟でロンドンの中心部とつながっているので、昔からロンドン市中で使われるさまざまな物資を運ぶ寸前の所です。

第二次大戦後のスポーツACをテーマにしましょう。

ACの歴史はかなり古くまで遡ります。1908年テムズ・ディットンのウェラー社がオートカーズ・アンド・アクセサリーズ社に改組され、ジョン・ウェラー設計の前二輪、後一輪の小型三輪商用車を改造して乗用の三輪車が作られたのです。このクルマはオートキャリヤーと名づけられ、そのイニシャルからACという名前が生まれました。会社名は1911年にオートキャリアーズに改められ、さらに1922年にはACカーズになります。というわけで最初のACはちっぽけな実用車でしたが、次第にスポーティーな性格を強めていきます。というのもテムズ・ディットンから数マイルのウェイブリッジにあの有名なブルックランズ・モーター・コースがあったからだと言われています。

―1949 AC Ace

1953年ACエース。最初のエースはフロントにまだフェラーリ166バルケッタのおもかげを留めている。

初期のACはアンザーニ製の4気筒1.5ℓSVエンジンを積んでいましたが、1919年のロンドン・ショーで、自製の素晴らしいエンジンを発表します。それはジョン・ウェラー設計の6気筒1991ccで、SOHCとウェットライナーをもつ、当時としてはきわめて進歩的なもので、1963年まで実に44年間もカタログに載っていました。ACはスポーツカーレースの2ℓクラスで大活躍し、また多くの速度記録を樹立しました。おそらく最大の勝利は1926年モンテカルロ・ラリーにおける総合優勝だったでしょう。ヴィンティジ、ポースト・ヴィンティッジ期のACはなかなかスタイリッシュなクルマでした。しかし次第に旧式化していった結果、経営難に陥り、1939年にハーロック兄弟が経営に当ることになりました。

だがACは第二次大戦終了から8年目の1953年、まったく新しいスポーツカーに生れ変わります。それが"エース"で、フェラーリのスパイダーを英国風にしたような低いオープン2シーターです。実は有名なジョン・トジェイロがブリストル・エンジンを積んでレースに走らせていたクルマを、ACエンジンに換えてシリーズ生産化したものです。シャシは2本の太い鋼管から成るラダーで、前後とも横置きリーフによる独立懸架という進んだ設計です。エンジンはウェラーの2ℓSOHCのアルミニウム・シックスを3個のSUキャブレターで85馬力にチューンしたもので、わずか760kgを160km/hまで引っ張りました。

ACエースは英国の量産スポーツカーとしては初の全輪独立懸架をもち、ロードホールディングと操縦性に優れ、加えるに高い性能で好評を博しました。トジェイロのプロトタイプのボディはカロッツェリア・トゥリングのフェラーリ166バルケッタそっくりでしたが、ACエースはもう少し直線化、近代化されて独自の境地に達していました。

フロントの造形がより明快になった1955年頃のACエース。

<イギリス、テムズ・ディットンより 1956年ACエース>

1956年にはエンジンに大きな変更があり、ブリストルの6気筒OHV、1971ccとの二本建てとなります。前にも触れたように、このエンジンは英国の航空機会社ブリストル・エアロプレーンが第二次大戦後自動車に進出するにあたって、オーストリア生まれの戦前のBMWの設計家フリッツ・フィードラーを招き、BMW327/328を英国化したブリストル400のものです。したがってプッシュロッドOHVですが、ロッカーとクロスプッシュロッドを巧みに使って吸排気バルブをV字形に配し、半球形燃焼室とした優れた設計で、英国では多くのスポーツカー、レーシングカーに搭載されました。ACエースの場合は標準が105馬力、レース用が120馬力にチューンされ、後者はSS1/4マイルを16・6秒で走り切り、マキシマムは185km/hに達しました。

1956年にはエースをファストバック・クーペにしたアスィーカ（Acecca）が追加されます。車重はやや増えましたが、空気抵抗が少ないので最高速度はほぼ同等に保たれました。

1960年にはアスィーカのホイールベースを延ばしてフル4シーターとしたグレイハウンドも発売されます。ボディは細い鋼管のフレームにアルミニウムパネルを熔接したもので、依然として1050kgと軽く、125馬力のブリストル・エンジンでSS1/4マイル19秒、マキシマム170km/hを維持していました。

1962年になるとエースの鼻先を細く長く尖らせて空気抵抗を減らした新ボディになります。同時にAC、ブリストルに加えてダーゲナム製の英フォード・ゼファーの直列6気筒OHV、2553ccエンジンを搭載したエース2・6も設けられました。これによりACエースは120馬力から170馬力までのエンジンを選べるようになりました。

1949 AC Ace

右：1956〜61年 ACアスィーカ。エースのクーペ版。

上：1956〜61年 ACエース。グリルの両脇に鰹節状の縦型バンパーが付くのは対米輸出を意図したものだろう。

ちょうど中間の155馬力仕様でも、SS1/4マイル15.6秒、最高速度195km/hを誇りました。

このACエースのシャシー、ボディのポテンシャルを見逃さなかったのが、かつてアメリカ有数のレーシングドライバーでF1でも活躍、1959年のルマンでロイ・サルヴァドーリとアストン・マーティンのDBR1/300のステアリングを分かち合って優勝したキャロル・シェルビーです。当時カリフォルニアでフォードのメインディーラーを経営していたシェルビーは、輸入したACエースのシャシーに米フォード・フェアレーンの4727cc、300馬力のエンジンを積み、SS1/4マイル13.8秒、最高速度250km/hの当時最速のロードカーを作り上げます。ステアリングはラック＆ピニオンに改められ、大トルクに耐えるボーグ・ワーナーの4段フルシンクロ・ギアボックスを採用して6000ドルで発売されます。こうしてよく知られたアングロ・アメリカン・スポーツカーの大ヒット作が誕生しました。そうです、AC（シェルビー）コブラです。コブラ以前のACの生産ペースは月10台からせいぜい12台に過ぎませんでしたから、このテムズ・ディットンの工場が急遽拡張されたことは言うまでもありません。

上：1960～63年 AC グレイハウンド。ホィーカを伸ばした4座クーペ。フロントの造形も新しくなり、かっちりしたバンパーも付く。

左：1963年 AC コブラ。前のトレッドが広く、タイヤが太いのでオーバーフェンダーをもつ。

＜イギリス、テムズ・ディットンより　1956年ACエース＞

第20話 イギリス、アイルウォースより 1948年フレイザー・ナッシュ

お元気のことと思います。さて、ロンドン郊外のアイルウォースという所に来ました。このへんはかつてミドルセックス州でしたが、1965年に大部分はグレーター・ロンドンに併合され、一部がサレー州とハートフォードシャーに分割されました。ですから今は、どんなに詳細な地図を見ても英国にミドルセックスという地名はなく、アメリカのニュージャージー州に同名の小さな町があるだけです。たぶんこの辺り出身の移住者が拓いた町なのでしょう。実はブリストル、ACとも関連のあるスポーツカー、フレイザー・ナッシュの生まれ故郷がこのアイルウォースです。

英国では第一次大戦後にライトカーが一般化するまでは、いわゆるサイクルカーがモータリングの底辺を支えていました。その名の示すようにモーターサイクルのエンジンを利用した、まことに粗野な四輪車ないしは三輪車でした。そのなかで最も有名で、かつ長生きしたのがGNで、H・R・ゴッドフレイとアーチー・フレイザー・ナッシュが1910年に生み出し、1920年代中頃まで続きました。初期にはベルト、のちにはチェーンで後ろのライブアクスルを駆動しました。ライブアクスルとは、それ自体は回転しないデッドアクスルに対して、車軸そのものが回転するものを言

—— 1948 Frazer-Nash

1948～53年ルマン・レプリカ。もともとハイスピードというモデルであったが、1949年のルマンで3位になった結果、この名称になった。3キャブレターの120馬力だったが、1952年のマークⅡで125馬力になり、後輪懸架もドディオンになった。マークⅠ、Ⅱを含めて34台作られた。

います。GNでは後ろのトレッドを狭くすることによってデフを省略していますから、途中で左右が別れていない文字どおりのライブアクスルです。GNはミニマムトランスポートしたが、ロードホールディングに優れ、強力なエンジンを積むと侮り難い性能を発揮、レースにも活躍します。

アーチー・フレイザー・ナッシュは1922年にGNを去り、1924年サレー州のキングトン・オン・テイムズに自身の名を冠したフレイザー・ナッシュ社を設立します。そこで生み出したのがGNを発展させたライトウェイト・スポーツで、アストン・マーティンとともに英国の1.5〜2ℓ級で最強のスポーツカーとして活躍します。"チェーンギャング"のニックネームを与えられたこのクルマは、デフなしのライブアクスルに大小三つのスプロケットを持ち、それと並行のカウンターシャフトにも三つのスプロケットがあり、3本のチェーンで結んでいます。カウンターシャフトとスプロケットの間のドッグクラッチを入れたり切ったりすることによって前進3段に変速するという、ユニークなメカニズムでした。

このシステムは実に1939年まで使われますが、その原始的な方式が永久に続けられるはずはないと考え、1934年に当時の英国では最も進んだ2ℓ級高性能車として評価の高かったBMWの輸入に踏み切ります。それに自社のバッジを付けたフレイザー・ナッシュBMWは好評を博し、また6気筒2ℓのBMW319エンジンはチェーンドライブのフレイザー・ナッシュにも搭載されました。1937年にはBMWは327と328に発展します。その6気筒1971ccエンジンはオーストリア生まれのフリッツ・フィードラー教授の設計になるもので、クロスプッシュロッドによるV字形バルブ配置の半球形燃焼室とした高度なOHVでした。前輪

1948〜52年ミッレミリア。旧名ファスト・ロードスター。100〜120馬力で、190〜200km/hを出せた。合計11台作られた。後ろ姿は1955年のMGAを想わせる。

＜イギリス、アイルウォースより　1948年フレイザー・ナッシュ＞

懸架も下のウィッシュボーンと上の横置きリーフによる独立、ステアリングはラック＆ピニオンで、ロードホールディングもハンドリングも当時の英国スポーツカーとは比べものになりませんでした。

フレイザー・ナッシュBMWが成功を収めたので、戦後平和産業への進出を企てたブリストル・エアロプレーンが製作権を取得し400誕生となったのは、ブリストルから記したとおりです。ブリストル製BMWエンジンは、ACをはじめ多くの戦後の英国製スポーツカーに搭載され、ついにプッシュロッドOHVながらグランプリカーにさえ使われました。

戦後のフレイザー・ナッシュはBMW・ブリストルのエンジン、シャシーをチューンして、簡潔で軽いオープン2シーターを着せて独自の高性能スポーツカーを生み出します。そのクルマでフレイザー・ナッシュは果敢に著名なスポーツカーレースに挑戦、幾多の信じがたい勝利を獲得します。まず1949年ルマンではH・J・アルディントン自身もステアリングを握り、2ℓV12のフェラーリ166（ルイジ・キネッティ）と3ℓのドラージュに次いで3位に入賞します。1951年のタルガ・フローリオではイタリア人フランコ・コルテーゼの操縦で総合優勝を遂げますが、これは後にも先にもタルガ・フローリオにおける英国車唯一の勝利となります。同じ1951年にはマン島のブリティッシュ・エンパイア・トロフィーにスターリング・モスが勝っています。さらにフレイザー・ナッシュは大西洋を渡ったセブリング12時間でも、1952年にわずか2ℓながら総合優勝します。戦後の英国の2ℓ級スポーツカーで、クラシックレー

1948 Frazer-Nash

上：1953〜56年フィクストヘッド・クーペ。ルマン用に開発された唯一のクーペで、わずか3台が作られた。100〜150馬力で、センターロックのワイアホイールをもつ。

右：1952〜56年タルガ・フローリオ。一転してイタリアン・スタイルのフルウィズ・ボディになった。100馬力のトゥリスモと125馬力のグラン・スポートがあった。生産台数14台。

スにこれほどの成功を収めたクルマは、ほかになかったと言ってもよいでしょう。フレイザー・ナッシュはこうした大勝利を挙げるたびに、そのレース名を冠した新型を出しました。ルマン・レプリカ、タルガ・フローリオ、セブリングなどがそれで、ほかにミッレミリアというモデルもありました。たぶんミッレミリアに挑戦したこともあるのでしょう。これらのうち、ルマン・レプリカのみは本当にルマンに挑戦したモデルの複製でしたが、ほかは名称を冠したものにすぎませんでした。戦後のモデルはみな基本的に同じで、エンジンのチューンやボディが違うだけでした。前輪懸架は戦前からの横置きリーフの独立でしたが、後輪は縦置きトーションバーでリジッドアクスルを吊っていました。これは戦後のBMW501の設計ですから、第二次大戦後もフレイザー・ナッシュとBMWとの間には何らかの関係があったことになります。1952年以降はレース用などに後輪懸架をド・ディオンにしたものも作られました。

1955年にBMWが502を発表すると、その2.6ℓOHV, V8を積んだ"コンティネンタル・グラン・トゥリスモ・クーペ"を出します。面白いのは、このクルマのボディとドアがポルシェ356と同じだったということです。1959年のアールス・コート・ショー（ロンドン・ショー）には3.2ℓV8を積んだクルマも出品しましたが、それから間もない1960年、フレイザー・ナッシュはその命脈を絶ちました。戦後のフレイザー・ナッシュがつねに非常に高価だったことが、長生きできなかったことのひとつの理由だろうとされています。ある情報によれば、第二次大戦後に作られたフレイザー・ナッシュの総数はわずか67台だといいます。レースでの大活躍と高い人気の割りに、なんと小規模なメーカーだったことでしょうか！

1957〜59年コンティネンタル・グラン・トゥリスモ・クーペ。2.6ℓと3.2ℓが1台ずつ試作された。ルーフやドアはポルシェ356と同じだ。

<イギリス、アイルウォースより　1948年フレイザー・ナッシュ>

第21話 イギリス、ウォリックより 1952年ナッシュ・ヒーレー

隠居は今、英国はイングランドの中央よりやや南よりのウォリックシャー州のウォリックという小さな静かな町におります。ウォリックシャー州には人口100万を超え、イングランドで2番目に大きいバーミンガム市もありますし、英国のデトロイトとも言うべき人口35万のコヴェントリー市もありますが、州都は人口2万足らずのここウォリックなのです。位置はちょうどコヴェントリーとシェークスピアで有名なストラトフォード・アポン・エイヴォンの中間で、同じくエイヴォン河の河畔にあります。ウォリックシャー州は石炭と鉄鉱石を産し、そのため製鉄が盛んで、それを用いる自動車産業が発展したというわけです。ウォリックは河の合流点に位置し、運河も交差しており水運の要だったようです。

それにしてもなぜウォリックなんて片田舎にいるのか、ですって？ そうそう、アメリカからナッシュについて手紙を書いたときに「ナッシュ・ヒーレーについては別の機会に」と述べたので、ここにも飛んできたというわけです。ええ、ウォリックにはかつてドナルド・ヒーレー・モーター・カンパニー・リミテッドがあったのです。ヒーレーの生みの親はよく知られているようにドナルド・ヒーレーです。彼は飛行機会社のソッピーズで仕事を始め、第一次世界大戦では英空軍で活躍したと言います。戦後の1924年にはトライアルを

1952 Nash–Healey

上：1951年ヒーレーのGタイプ。
右：1949 ヒーレー・シルヴァーストーン。

始め、やがてラリーにも進出、1930年のモンテカルロ・ラリーにはインヴィクタで総合優勝しました。1934年から1939年まではトライアンフに在籍、スポーツモデルの開発とドライビングに力量を発揮しました。

第二次大戦中はサムピエトロ、バウデンとともに、前輪独立懸架を持つ軽いシャシーに、ライレーの4気筒2・4ℓ、104馬力エンジンを積んだ新型車の開発に当たりました。その生産のためにヒーレーはここウォリックに工場を建てたのです。1946年10月に発売した最初の製品は風洞実験を経た空力的なボディをもつエリオット・サルーンで、1598ポンドで1950年までに101台造られました。そのドロップヘッド版のウェストランド・サルーンも64台販売されました。エリオット・サルーンはザ・モーターのテストで168・48km/hを記録、英国一速い生産車と謳われます。1947年のアルパイン・トライアルではロードスターがクラス2位になり、コンクール・デレガンスでも賞を獲得しました。その直後、今度はサルーンがベルギーのヤーベックで178・3km/hを記録しました。この最初のヒーレーのホイールベースを短縮、サイクルフェンダーを持つアルミニウムのスパルタンなオープン2シーター・ボディを着せたのが、有名なシルヴァーストーンです。1949、50の両年に105台造られたシルヴァーストーンは、クラブマンの夢と言われ、今日なお人気は衰えていません。1951年には大幅にリファインされてエリオットはティックフォード・サルーンに、ウェストランドはアボット・ドロップヘッド・クーペに発展します。

これら一連のクルマのライレー製4気筒2・4ℓエンジンのほかに、ヒーレーはよりスムーズでパワフルな6気筒エンジンを探していました。そして1950年末ほとんど同じシャ

1951年ヒーレー・ティックフォード・サルーン。

＜イギリス、ウォリックより　1952年ナッシュ・ヒーレー＞

シーにOHV3ℓのアルヴィスTB21エンジンを積んだGタイプと、アメリカ、ナッシュ製のOHV3・8ℓを搭載したナッシュ・ヒーレーを完成します。バーミンガムのパネルクラフト製のオープン3座ボディはほとんど同じデザインでしたが、いわば国内向けのGタイプのグリルが格子状だったのに対し、対米輸出用のナッシュ・ヒーレーは1951年型ナッシュと同デザインのグリルを付けていました。実はそれより前、ドナルド・ヒーレーはある船旅の途上、偶然にナッシュ・ケルヴィネイターの社長ジョージ・W・メイスンに逢います。安価で強力なエンジンを探していたヒーレーと、ルマンで好成績を上げれば宣伝になると考えていたメイスンは意気投合し、1950年のルマンにはナッシュの3・8ℓエンジンを積んだヒーレー・シルヴァーストーンが参加することになります。そのクルマは後にジャガーで大成功するロルトとハミルトンのコンビの操縦により、2台の4・5ℓタルボ・ラーゴと5・4ℓのアラード・キャデラックに次いで見事4位に入り、それがナッシュ・ヒーレー誕生のきっかけとなったのです。

アメリカ製の安価な割りに大トルクの大排気量エンジンを英国製のシャシー、ボディと組み合わせて高性能車を作ろうという試みは早くからありました。嚆矢(こうし)となったのはハドソンの直列6気筒または8気筒を積んだ1935年のブラフ・シューペリアで、1938年のレイランドもハドソンの6気筒を用いていました。ラマス・グレアムはグレアムの6気筒でした。アラード、バッテン、ジェンセン、レイダートなどはフォードV8でしたが、これは当然ダゲナムの英国フォード製でした。でもジェンセンは米国フォード製のゼファーV12を使用していましたし、アタランタもゼファーV12でした。それは第二次大戦後にも引き継がれ、ヒーレーのほかにもAC、アラード、ゴードン・キーブル、モーガン・プラス8、サンビー

1952 Nash-Healey

1951年ナッシュ・ヒーレー。

ム・タイガーなどが自製のシャシーにビッグ・アメリカンV8を積んでいます。クルマ好きならご存知のとおり、なかでも最も成功したのはACコブラですね。このやり方はフランス（ファセル・ヴェガ）やイタリア（イソやビッザリーニ）にも伝染しましたね。

1951年にはミッレミリアでクラス4位になっていますし、シルヴァーストーンでは総合6位に入賞しました。ルマンでは特製のクーペが6位に入り、翌1952年のミッレミリアではタイヤのバーストでクラッシュするまで非常によく走りました。その残骸はウォリックに運ばれ、新ヘッドで200馬力を発生する4.1ℓナッシュ・アンバサダー・エンジンに換装されその年のルマンに送られます。メルセデス・ベンツ300SLプロトタイプが1、2位を占めたこのレースで、ナッシュ・ヒーレーは堂々3位に入賞しました。これはナッシュ・ヒーレーのレースにおける最大の戦績となりました。

ナッシュ・ヒーレーは1950年12月から1951年3月にかけて104台造られ、アメリカへ発送されましたが、アメリカで起きつつあったスポーツカーブームに巧く乗ることができませんでした。多分そのボディがあまり魅力的でなかったからでしょう。そこでメイソンは旧知のピニンファリーナにボディデザインを依頼します。こうして1952年1月、イタリアン・デザインのナッシュ・ヒーレーが生まれます。英米伊三国共同製作の初のクルマで、シャシーがウォリックからトリノに送られ、コーチワークを施した後アメリカへ送られました。このアングロ・イタロ・アメリカンの第1号車は1954年までに402台が生産されました。

最初の数台は3.8ℓでしたが、その後は4.1ℓエンジンが積まれました。このクルマもピニンファリーナの名声を世界的に高めたことは言うまでもありません。

上：1954年ナッシュ・ヒーレー・クーペ。100台だけ作られた。

左：1952年ナッシュ・ヒーレー "ピニンファリーナ" 直列6気筒OHV、4138cc、127馬力、1120kg、172km/h。

第22話 イギリス、ライトン・オン・ダンスモアより
1953年サンビーム・アルパイン

今、隠居はイングランドの中心に近い英国のウォリックシャー州ライトン・オン・ダンスモアという所に来ています。英国のデトロイトとも言うべきコヴェントリー市の南東の郊外にある小さな町ですが、第二次大戦終結の翌1946年、ルーツ・グループはここに新工場を建て、ヒルマン、サンビーム・タルボット、ハンバーなどを量産しました。今回はそのうちサンビーム・アルパインのお話をしようとここへやって来ました。

1948年に発表されたサンビーム・タルボットは過渡期のクルマにありがちな破綻のない美しいボディを持つスポーツサルーン（ドロップヘッド・クーペ）で、ヒルマン・ミンクスの4気筒1185ccエンジンをOHV化した"80"と、ハンバー・ホークの4気筒1944ccをOHV化した"90"とがありました。油圧ブレーキやハイポイドベベルの最終駆動、コラムシフトのギアボックスなどの最新技術を備えていましたが、なぜか前輪懸架は平行のリーフスプリングで吊ったリジッドアクスルでした。このリジッドアクスルの90は1948年のアルパイン・ラリーでチーム賞のクプ・デザルプ（Coupe des Alps＝アルプス杯）を獲得します。

1951年には90の前輪懸架がダブルウィッシュボーンとコイルの独立になり、エンジ

—— 1953 Sunbeam Alpine

1953年のアルパイン・ラリーで無失点でカンヌに到着したスターリング・モスのサンビーム・アルパイン。向かって左が弱冠24歳のモス。クプ・デザルプを獲得した。

ンも2267cc、70馬力に拡大強化され、135km/hが可能になりました。この2.3ℓ"90"も1952年のアルパイン・ラリーでチーム賞を取り、同じ年モンテカルロ・ラリーでも総合の2位に入ります。この時のドライバーこそ誰あろう、弱冠24歳のスターリング・モスでした。ちなみに1位はシドニー・アラード自身の駆るアラード・タイプP4・4ℓサルーンでした。

1953年、待ってましたとばかりに登場するのが90のオープン2シーター・バージョンです。同名のラリーでの成功に因んで名づけられたサンビーム・アルパインがそれで、このクルマ以降タルボットの名は消えていきます。アルパインは当時の英国車ファンなら誰でも憧れた、それはそれはスタイリッシュな素晴らしい100 mph級スポーツカーでした。エンジンは80馬力にチューンされ、熱気を逃がすためにボンネットの上面には2列の細かいルーバーが切られていました。唯一の弱点は4段ギアボックス(オーバードライブも付けられました)がコラムシフトだったことです。まあこれはアメリカ車の流行が感染したもので、フロアシフトは旧式とさえ考えられていた頃のことですから仕方ないでしょうね。だってあのアルファ・ロメオのジュリエッタだって初めはコラムシフトだったんですからねえ。

サンビーム・アルパインは発表に合わせてベルギーのヤーベケの公道で速度記録に挑みました。"Jabbeke"は日本では長くヤーベックと記されてきましたが、フランス語圏ならジャベク、フラマン語圏ならヤーベケでしょうね。この時英国の女性ラリイスト、シェイラ・ヴァン・ダムは193.1km/hを記録しました。ちょうど120 mphですね！アルパインはいわばラリーのために開発されたクルマでしたから、ラリーでは文字どおり八面六臂の活躍を見せました。サンビームはスターリング・モス、マイク・ホーソーン、シェイラ・ヴァン・ダ

1958年サンビーム・レイピア・マークⅡ。より高い圧縮比で73馬力に強化、最終減速比も高めて145km/hに向上した。ついにフロアシフトになったが、一方でボディには羽が生えた。写真は1958年のRACラリーに優勝した、ハーパーとディーンのクルマ。

103　〈イギリス、ライトン・オン・ダンスモアより　1953年サンビーム・アルパイン〉

アルパインの快進撃は1954年にも続き、モンテカルロでは連続してチーム賞を獲得、スターリング・モスはアルパイン・ラリーで3年連続クプ・デザルプに輝きます。しかしなんといっても活躍が目覚しかったのはシェイラ・ヴァン・ダムで、アルパイン、チューリップ、ジュネーヴ、ヴァイキング、オーストリアのアルペンの五つの国際ラリーのクプ・デ・ダムを独り占めしました。さらに1955年のモンテカルロではオスロからスタートしたノルウェー人チームが総合優勝を果たし、1956年にもチーム賞を獲得します。

ムらによる強力なチームを組んで必勝を期します。その結果本命のアルパイン・ラリーでは1953年に三つのクプ・デザルプとチーム賞を取り、クラスの上位4位を独占、シェイラ・ヴァン・ダムはクプ・デ・ダム（Coupe des Dames＝女性賞）に輝きました。このほか1953年にはモンテカルロ・ラリー、グレート・アメリカン・マウンテイン・ラリーでもチーム賞を獲得、オーストリアのアルペン・ラリーでは総合優勝も果たしました。これらの功績により、サンビームは1953年度の由緒あるRACデュワー・トロフィーを授与されました。デュワー・トロフィーは自動車の発達に貢献したクルマに贈られる権威ある賞で、キャデラックが1908年に部品の標準化で、1913年に電気式セルフスターターの実用化で受賞したことで知られます。

——1953 Sunbeam Alpine

上：1960年サンビーム・アルパイン1494cc、78馬力で、100mph（160km/h）が可能な新小型アルパイン。

アルパインの生産は1955年でいったん終わり、1959年にひと回り小さく洒落たイタリアン・ラインのオープン2シーターの新型に生まれ変わります。1964年にACコブラに倣ってこのアルパインに4260cc、164馬力の米フォードV8エンジンを押し込んだのが120mph、0-60mph（96.5km/h）9秒の"サンビーム・タイガー"です。実はこの新旧アルパインの間に、1955年に発表されたレイピアというクルマが割り込みます。それは当時のヒルマン・ミンクスのものです。はじめは1390ccでしたが、ヒルマンの拡大に伴ってVエンジンもヒルマンを2ドア・ハードトップにしたもので、4気筒OHV1494cc、1592ccと大きくなっていきます。実は1959年の新型アルパインはこのレイピアのホイールベースを詰めてオープン2シーター・ボディを着せたものなのです。レイピアは見たところはヒルマン・ミンクスのハードトップ版でしたが、どっこいなかなかの硬骨漢で、初代アルパインの跡を継いでラリーに大活躍します。英国内および大陸のラリーでは無数のクラスウィンを獲得、1958年のRACラリー、1961年と1962年のスコティッシュ・ラリーと、アイリッシュ・ラリーでは総合優勝しています。1956年にはいささか場違いの感のあるミッレミリアにも挑戦、ピーター・ハーパーがクラス2位、シェイラ・ヴァン・ダムが同3位に入りました。1960年以降はレイピアと新型アルパインでタッグマッチを組んで活躍を続けます。しかしその絶頂期に大西洋で隔てられたアメリカからドルの魔手が伸びてきます。1964年、クライスラーがルーツ・モータースに資本参加したのです。それから9年後の1973年、ルーツはクライスラーに完全買収され、さらにクライスラー翼下のプジョー・タルボに併合され、ヒルマンもシンガーも、サンビームもハンバーも消えていったのです。悲しいことでした。

1964年サンビーム・タイガー・グラン・トゥリスモ。アルパインに4267cc、164馬力のフォードV8とフォード製4段ギアボックスを積んだ、最高速度193km/hのアングロ・アメリカン・スポーツ。生産はジェンセンが担当、このマークⅠが6495台、4727cc、200馬力のマークⅡがオープンを含めて2571台作られた。マークⅠはアメリカで3600ドルと安いプアマンズ・コブラであった。

〈イギリス、ライトン・オン・ダンスモアより　1953年サンビーム・アルパイン〉

第23話 イギリス、アビンドンより 1954年ライレー

さて隠居は今、英国はバークシャー州のアビンドンという小さな町におります。バークシャー州といっても町の東の外れはすぐオックスフォードシャー州です（本当は Shire は州の意味ですから後ろに州を付けるのは間違いかもしれませんね。でもそうしないと例えばバークシャー州はバーク州になってしまい、ちょっと変ですよね）。モーリスの本拠地オックスフォードからはカウリーを通って南へ十数km、ロンドンの中心地からも六十数kmの所で、自動車の供給地としては最適です。テムズ河畔の町なので、アビンドン・オン・テムズとも呼ばれるこの町は、オールドファンならご記憶のMGの故郷オックスフォード市内の販売店モーリス・ガラージの故郷呱の声を上げたMGは、1929年以来ここアビンドンに工場を構えていました。でも今回の手紙の主人公はM

1954 Riley

左：1946〜52年 1½ ℓ RMA。2½ ℓ RMB も同じプロフィールだが、ホイールベースが 160mm 長い。

上：1946〜52年 2½ ℓ RMB。初期型はウィンドシールドが左右独立して、上をヒンジに下方が前へ少し開く。実に魅力的なクルマだ。

Gじゃなくてライレーです。ライレーはもともと1898年の昔にウォリックシャー州のコヴェントリーに自転車工場として発足しましたが、経営難から1938年にウィリアム・モーリス（ロード・ナッフィールド）のナッフィールド・オーガニゼイションの傘下に入り、第二次大戦後の1948年にアビンドンに引越してきたのです。

ライレーの歴史は1900年から1969年までと長いので、この短い手紙に書き尽くすことはとてもできませんが、ひと口に言えば1～1.5ℓクラスの英国が設計した最も優れたライトカーのひとつでした。その代表格は1927年にパーシー・ライレーが設計した有名な"ナイン"です。4気筒の1087ccでRACの課税馬力で9HPなのでライレー・ナインと呼ばれたのです。このエンジンはOHVなのですが、カムシャフトが2本、ブロック両側の高い位置にあり、短いプッシュロッドで90度に置いた吸・排気バルブを作動させます。半球形燃焼室であるうえに、プッシュロッドが短く軽いのでそのぶん出力の損失が少なく、バルブの追従性に優れるので回転も高まるなど、DOHCまであと一歩といった機構です。この高性能エンジンを積んだスポーツモデルも作られましたが、なかでも有名なのは英国のクラブレースで大活躍したブルックランズ・ナインです。戦前のヴォワチュレット・レースで活躍した英国の有名なレーシングカーERAは、このライレー・ハイカム・エンジンの6気筒1.5ℓ版をチューンしてスタートしたのです。

ナッフィールドのメンバーとなったライレーは、ちょうどルーツ・グループのサンビームやタルボのように、グループの中では高級なスポーツサルーンの地位を与えられ、比較的後まで他のモデルと同じボディやエンジンを共用する合理化を免れました。第二次大戦後のライレーは1946年に戦前の設計を引き継ぐ、4気筒1½ℓのRMAと2½ℓのRMBの2種

上：1948～51年 2½ℓ RMD ドロップヘッド・クーペ。

右：1948～50年 2½ℓ RMC 3シーター・ロードスター。

＜イギリス、アビンドンより　1954年ライレー＞

のサルーンで復活します。2台はエンジンとホイールベースが異なるだけで、裾を引いたフェンダー、2分割の平面のウィンドシールド、擬革張りのルーフなど英国製のサルーンのおもかげをきわめてよく留めています。このスタイルを2½ℓでは1953年、1½ℓでは実に1955年（フランスではシトロエンDS19が出た年です）まで続けたのですから、保守的なクルマの多い英国車の中でも最も保守的な一台と言えましょう。

エンジンは例のハイカムの4気筒、ツインSUキャブレター付きで、1½ℓは1496cc、55馬力、2½ℓは2443cc、100馬力（ともに4500rpm）です。シャシーは箱形断面のセパレートフレームに、縦置きトーションバーとダブルウィッシュボーンの前輪独立懸架とリーフで吊ったリジッドの後輪懸架を持ちます。ブレーキはもちろんまだドラムで、初めはハイドロ・メカニカル式です。ホイールベースは、1½ℓで2860mm、2½ℓではさらに3020mmと長く、1320kgの1½ℓが130km/h、1460kgの2½ℓが150km/hを出しました。特に2½ℓは130～135km/hで巡航できる、英国では数少ないファストトゥアラーでしたが、市街地速度ではステアリングが重いと評されていました。

1952年にはオープン・プロペラシャフトとハイポイント後車軸、油圧ブレーキ、それにひと回り大きいリアウィンドーを採用して1½ℓはRME、2½ℓはRMFに発展します。RMEはフロントフェンダーが途切れてランニングボードがなくなり、1955年まで続きます。RMFはオリジナルの姿を留めましたが、翌1953年に生産が終わってしまいました。戦後のライレーには純粋のスポーツカーはありませんでしたが、1948～1950年には2ℓの横3人掛けのロードスターRMCが、1948～1951年には2ドア4座のドロップヘッドRMDが少数生産されました。RMCは主として対米輸出用でした。

1954 Riley

左、左頁：1952～55年1½ℓ RME。フロントフェンダーが途切れ、ランニングボードへ繋がらなくなった。リアウィンドーが大きくなり、リアフェンダーにハーフスパッツが付いた。

108

クラシック・ライレーの生産台数はRMAが1万504台、RMBが6900台、RMCが507台、RMDが502台、RMEが3446台、RMFが1050台と、全部でも2万2909台にすぎませんでした。日本にも何台かは入りましたが、珍しいところでは米兵が持ち込んだRMCロードスターやRMDドロップヘッドも見られました。

1950年代に入って何年か経つとライレーにも合理化の魔の手が伸びてきます。まず1953年に2½ℓのシャシーにウーズレー6/90のボディを着せたパスファインダーが発表され、ステアリングはカム＆ペグに、後輪懸架はコイルのリジッドになります。さらに1958年にはエンジンまでBMC Cタイプの直列6気筒OHV、2・6ℓになり、事実上ウーズレーよりわずかにパワフルで、太いタイヤとレブカウンター、フロントのバケットシート、そしてライレーのマスクをもつだけのクルマになりました。いっぽう、1½ℓは1957年にウーズレー1500のバッジエンジニアリング版になりました。さらに1959年に大きいほうはピニンファリーナ・ボディの4/68になり、小さいほうは1961年にADO15のエルフになります。さらにADO16のケストレルが1965年に登場します。1969年にライレーが消える準備が着々と進んでいたのです。

上：1953〜57年パスファインダー。ウーズレーのボディで初のフラッシュサイドになった。

〈英国、バークシャー州アビンドンより　1954年ライレー〉

第24話 イギリス、コヴェントリーより 1955年アルヴィス

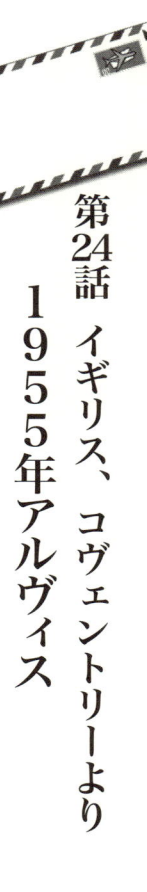

こんにちは。さていよいよ、「イギリスのデトロイト」とかつて言われたコヴェントリーの街にやってきました。

歴史上世界に逆三角形エンブレムをもつクルマがふたつあったことをご存知でしょうか？ そのひとつは白い逆三角形のアメリカのハドソンで、もうひとつは赤い逆三角形の英国のアルヴィスです。実は数年前に東京の友人から譲られた東京コンコース・デレガンスの公式カタログに美しい1934年のアルヴィス・スピード・トウェンティSCチャールズウォース・ドロップヘッド・クーペが載っていたのを忘れられず、その古里を訪ねてみたくなったのです。

「イギリスのデトロイト」なんて言うと、林立する煙突がもくもくと煙を吐く灰色の工業都市を思い浮かべることでしょうが、そんなことはありません。英国の自動車産業がすっかり元気を失ってしまった結果かもしれませんが、緑濃い静かな街です。アルヴィスの工場はこのコヴェントリーのホリヘッド・ロードにありました。否、今でもあるのですが、軍用車両の生産に携わっているので、近くに寄ることはできないのです。

アルヴィスはここホリヘッド・ロードで1920年に創業しました。創立者はもとシドレー・ディージーのT・G・ジョンと、フランスのDFP社で働いていたG・P・H・フレヴィル

1955 Alvis

1950～55年に2074台が作られていたTC21サルーン。東京にはこの白と黒の塗り分けのクルマがいた。

のふたりでした。フレヴィルはDFPのためにアルヴィスという名称のアルミニウム・ピストンを設計しており、それが新生のクルマの名前になりました。最初の製品は4気筒SV、1460cc、4段変速のライトカー10/30で、モーガンやチャールズウォースが魅力的なアルミニウム・ボディを着せていました。2座と4座、それにスーパー・スポーツがあり、SSはアルヴィスの有名なダックス・バックをもつ最初のモデルでした。この最初の10/30HPからアルヴィスは高品質と耐久性、それに平均以上の性能により高い評価を得ました。

1922年にはキャプテン・G・T・スミス・クラークの設計でプッシュロッドOHVをもつ1598ccの12/50HPに発展しますが、これまた静かで強力、頑丈で長持ちするという定評を得ます。モディファイされた1台は、アルヴィスとしては初めて1923年のブルックランズ200マイル・レースに優勝します。この後いくつかのモデルが作られますが、常にツーリングカーを基本にスポーツ・モデルが作られました。1928年に初めての小型6気筒車、OHV、1870ccの14/75HPが発表され、これも成功を収めます。翌年6気筒エンジンが2148ccに拡大され、有名な"シルバー・イーグル"になります。

1928年、アルヴィスはひとつのミスを犯したとされています。それは前輪駆動のスポーツカーを作ってしまったことです。隠居は1927年に発売され、その年のルマンでクラス2位に入賞したJ・A・グレゴワールのトラクタ車に刺激されたのではないかとも思うのですが、SOHCの4気筒、1482ccエンジンで前輪を駆動するクルマで、ルーツ・スーパーチャージャーも付けられました。前輪は四つの横置きリーフスプリングによる独立で、後輪もリーフスプリングによるスウィングアクスルの全輪独立懸架を持つ画期的なクルマです。レーシングモデルは重心の低さとロールホールディングのよさ、そして効きのよいブレーキ

1950～55年 TC21 ドロップヘッド・クーペ。

<英国、ウォリックシャー・コヴェントリーより　1955年アルヴィス>

により1928年のルマンで総合の6位、9位に入り、アルスターTTでは2位に入りました。1.5ℓの直列8気筒モデルも作られましたが、構造の特異さと複雑さによる整備性の低さが災いして、残念ながら商品としては成功しませんでした。しかしアルヴィスの技術陣はこのクルマに自信をもっており、特に前輪独立懸架は後の生産車に応用しました。

1930年代のいわゆるポースト・ヴィンティッジ期に入ると、アルヴィスは2.5ℓ、3.5ℓ、4.3ℓなどのきわめて洗練された高性能で高品質なサラブレッドカーを作るようになります。それらはすべてコーチビルトボディをもち、ダービー・ベントレーに肉迫しましたが、価格的にはわずかに下回りました。その時代のアルヴィスを書き始めるとキリがなくなってしまいますので、またいつか別の機会にお話することにしましょう。ただひとつだけ記しておきたいのは、史上初めてフルシンクロのギアボックスを採用したのはアルヴィスのスピード・トウェンティーで、1933年の10月であったということです。

第二次大戦中のアルヴィスは航空エンジンの生産に携わります。1940年にはドイツの空爆でホリヘッド・ロードの工場は完全に破壊されてしまいましたが、18箇所に分散してあった隠れ工場でロールス・ロイス・マーリンの生産を続けました。アルヴィス・レオニダス航空エンジンを生産します。第二次大戦後は自身の設計によるアルヴィス・レオニダス航空エンジンを生産します。第二次大戦後は自身の設計になる1946年にはクルマの生産も再開され、戦前型をベースとした4気筒OHV、1892ccのTA14が生産されます。1950年には初の純戦後型のTC21が発表されます。ボディこそ伝統的なブリティッシュ・サルーンでしたが、6気筒OHV、2993ccのエンジンは7ベアリングをもつ新設計でした。TA14ではリジッドだった前輪懸架はコイルとウィッシュボーンの新しい独立になり、アルヴィスとしては初めて油圧ブレーキを採用しました。初期のシングルキャブレターでは90馬力で130km/

1955 Alvis

左は1954〜55年 TC21/100 グレイ・レディ・サルーン。上は同ドロップヘッドクーペ。

112

hそこそこしか出ず、後期のツインキャブレターでも145km/hが精一杯で、明らかに性能は戦前のスピード・トゥエンティーを下回りました。TC21は当時の東京でも見られましたが、おしとやかで知的で上品な英国の上流階級の夫人のようなエレガントなクルマでした。

このTC21の性能をなんとか改善しようとしたのが短期間アルヴィスに在籍したアレック・イシゴニスで、彼はエンジンを100馬力にチューンアップし、100mph（160・9km/h）を保証しました。これが1954年に追加発表されたTC21/100 "グレイ・レディ" サルーンです。ボンネットの上面には左右ふたつの小さなエアスクープが、側面にはルーバーが付けられ、ラッジ・ホイットワースのセンターロックワイヤホイールを履いています。グレイ・レディは日本にはなかったと思いますが、1950年代中頃の英国で最も魅力的なスポーツサルーンの1台であったと言えるでしょう。

1959年にはTC21シャシにスイスのグレイバー（グラベール）がフルウィズの2ドア・サルーンをデザインした120馬力、177km/hのTD21に発展しました。コーチワークはパーク・ウォードが担当しています。1962年には全輪にディスクブレーキを採用、翌年には130馬力に強化、ZFの5段ギアボックスを採用してTE21になり、自動変速機もオプションになりました。しかし1965年、アルヴィスはローバー傘下に入り、1967年には惜しくも乗用車の生産を終えました。

上：グレイバーのイタリアン・スタイルになった1956～63年のTD21・2ドア・サルーン。ドロップヘッド・クーペを含めて1098台作られた。

左：1963～67年 TE21/TF21 ドロップヘッド・クーペ。2ドア・サルーンと合わせて458台作られた。

〈英国、ウォリックシャー・コヴェントリーより　1955年アルヴィス〉

第25話 イギリス、コヴェントリーより 1954年デイムラー・コンクェスト

こんにちは！相変わらずお元気でご活躍のことと存じます。今も引き続きコヴェントリーにおります。隠居の少年時代に当たる1950年代、英国はアメリカに次ぐ世界第2位の大自動車生産国で、数え切れないほどのメーカーが思い思いに個性的なクルマを作って競い合っていました。まさに百花繚乱で、125年にもなんなんとする自動車の歴史のなかでも、こんなに面白い時代は滅多になかったと思います。なにしろすべてにわたって過渡期にあり、伝統と革新が混然と同居していたのですから。

その旧弊のしがらみから脱却できなかったことが、その後の英国自動車産業の衰退をもたらすとは、その頃誰も予想だにしなかったことでしょう。今やその英国に民族資本の自動車会社は皆無と言っていいほどで、ここコヴェントリーにもかつての活気はまったくみられず、まるで火が消えたようです。ロールス・ロイス（RR）がBMW傘下にあるかと思えば、かつて英国王室御料車を一手に引き受けていたデイムラーはジャガーの軍門に下って今やともどもインドのタタの支配下にある、というふうなのですから。皇室の御料車をトヨタが日産（プリンス）から引き継ぐというのとはまるで話が違いますね。

さてコヴェントリーのラドフォードにあったデイムラーのお話をしましょう。最初のデイ

―1954 Daimler Conquest

1953年コンクェスト・サルーン（4568台生産）。

ムラーは1896年に作られており、英国初の国産車の栄誉を担います。デイムラーは英国読みで、もちろん元はドイツのダイムラーです。1893年、F・R・シムズという人物が、英国でのダイムラーの特許権を独占管理しようとしてザ・デイムラー・モーター・シンジケートを設立します。3年後の1896年、H・J・ローソンの企業帝国の一部としてコヴェントリーのデイムラー工場が創業を開始します。最初期の製品こそ本家ダイムラーの設計に依っていましたが、間もなくフランスのパナールに触発された独自の設計になります。1899年には皇太子時代のエドワード7世がハイクリフ・キャッスルで、ロード・モンタギューの運転するデイムラー12馬力で初めてのモータリングを体験されます。

1909年にはアメリカのチャールズ・Y・ナイトの開発したダブル・スリーブバルブ・エンジンを採用、ポペットバルブがないことによる静かさとスムーズさで定評を築きます。デイ

上：1954年コンクェスト・センチュリー・ドロップヘッド・クーペ（234台生産）。

左：1954年コンクェスト・センチュリー・サルーン（4818台生産）。

115　＜イギリス、コヴェントリーより　1954年デイムラー・コンクェスト＞

ムラーは小型車から大型車まで非常に多くのモデルを作り、1927年には1.9ℓから7・1ℓまで9種のエンジンを用いた23モデルを擁していました。その7.1ℓというのがスリーブバルブ付きV12のダブル・シックスで、そのリムジンは英国王室の御料車に採用される栄に浴します。以来1950年に王女時代のエリザベスII世の御料車にロールス・ロイス・ファンタムIVが選ばれるまで、英国王室の御料車はデイムラーに決まっていました。だから1953年6月2日のエリザベスII世女王の戴冠式に昭和天皇の御名代として参列した明仁皇太子殿下（現天皇陛下）は、英国王室で使われていたのと同じデイムラーのストレート・エイトをお買い上げになったのです。エリザベスII世の御料車はRRでしたが、当時の英国王室にはデイムラーがごろごろしていたのです。

今回はそのようなトップエンドの話はいったん措いて、デイムラーの〝大衆車〟を採り上げてみましょう。この手紙に記すのはあまり広く知られることのない地味なクルマに光を当てることをひとつのモットーにしていますので。第二次大戦後のデイムラーのボトムエンドは、1939年の6気筒OHV、2522ccの〝DB18〟を復活させることでスタートします。1950年にはボディをややモダナイズし、ハイドロ・メカニカル・ブレーキとハイポイドのファイナルを採用して〝DB18コンソート〟に発展します。

その後継車として1953年に発表されたのが〝コンクェスト〟で、6気筒OHVエンジンはオーバースクェアの2433cc、75馬力になり、トーションバーの前輪独立懸架とフルイドカプリングと遊星歯車の半自動変速機を備えています。4ドア6ライトのボディは過渡期のデザインとしてはなかなかよくまとまった伝統を残しています。ラジエターグリルの上部には縦縞が付いていますが、これは初期のク

1954 Daimler Conquest

1954年コンクェスト・センチュリー・ロードスター（65台生産）。

116

ルマがヘッダータンクに冷却を助けるフィンを付けていたことに由来するデイムラーの伝統です。何の縁もない日本の軽ライトバンがそっくりのグリルを付けていますね！

ところでこのクルマが"コンクェスト（征服）"と名付けられたのにはちょっと面白い話があります。なぜ"コンクェスト"かと言えば、税抜き価格が1066ポンドだったからだと言います。これだけでは私たちには何のことだかさっぱりわかりませんが、英国で"the Conquest"と言えばノルマンディー公ウィリアムが英国を征服した史実を指し、その年が1066年だったのです。日本人が仏教伝来538年、大化の改新645年というふうに覚えるのと同じように、英国人にとってはきっと常識なのでしょう。ちなみに1954年には軽金属ヘッドとツイン・キャブレターで100馬力とした"コンクェスト・センチュリー"という高性能版が出ますが、センチュリーは1世紀＝100年のことで、100馬力を意味したのでしょう。

ストックの状態でも90mph（約145km／h）が可能だったセンチュリーは、チューンすると1トン（100mph、約161km／h）に届き、英国のサルーンカー・レースにも活躍しました。コンクェスト・センチュリーにはカーボディーズ製の4座ドロップヘッド・クーペもありましたし、2座のロードスター（後スポーツ・ドロップヘッド・クーペ）もありました。1958年までのコンクェストの生産は全モデル合わせても9739台と1万台に達せず、結局経営陣の判断ミスとされたようです。コンクェスト2・5ℓの中級車としては少なく、デイムラーはジャガーの傘下に入り、1963年にはジャガー・マークⅡのボディに自製のOHV2・5ℓのV8を搭載したV8 250を出すのです。

1954年コンクェスト・センチュリー・スポーツ・ドロップヘッド・クーペ（54台生産）。

＜イギリス、コヴェントリーより　1954年デイムラー・コンクェスト＞

第26話 イギリス、オックスフォードより
1955年ウーズレー

ご機嫌いかがですか？　隠居は今、英国中南部オックスフォードシャーの州都オックスフォードにおります。ロンドンの中心から西北西に直線で60kmほどの、テムズ河畔の人口10万プラスの小都市です。オックスフォードシャーはその名のとおり牧畜（特に牛）の盛んなところで、また穀物も産します。その中心都市オックスフォードは昔から学問の盛んな所で、1249年に創立された大学はケンブリッジと並んであまりにも有名です。19世紀末に自動車産業が興ると、オックスフォードのモーリスと、バーミンガムのオースティンは二大メーカーとして互いに覇を競います。

後にロード・ナッフィールドになるウィリアム・モーリスは、1924年にモーリスからMG（モーリス・ガレージの略）を派生させ、1927年には倒産したウー

―― 1955 Wolseley

上：1947〜48年25シリーズⅢ。スコットランドヤードで使われたのはこの種のウーズレーだった。

左：1948〜55年4/50。モーリス・オックスフォードのウーズレー版。

ズレーを買収、1938年にはライレーを引き入れてナッフィールド・グループを築きます。そのナッフィールド・グループが第二次大戦終結から7年めの1952年、宿敵オースティンと合併してBMC（ブリティッシュ・モーター・コーポレーション）を結成したことはクルマ好きならばご存知でしょう。そのBMCは1966年にBSA、デイムラー、ランチェスター、ジャガー、コヴェントリー・クライマックスなどを含むグループと合体してBMH（ブリティッシュ・モーター・ホールディングス）となり、さらに1968年にはスタンダード、トライアンフ、ローバーなどを擁するレイランド・グループと合体してBLMC（ブリティッシュ・レイランド・モーター・コーポレーション）となりました。英国の民族資本の量産ブランド11社が大同団結したわけですが、そのうち今名前が残っているのはミニ（旧モーリス／オースティン）とローバーだけになってしまいました。その2ブランドも今や外国資本の支配下にあるわけで、英国の自動車産業の凋落は目を覆うばかりです。自動車界における英国のあの栄光は、いったいどこへ行ってしまったのでしょう。

それはさておき、オックスフォードの郊外にカウリーという所があります。モーリスの小型車の代表格オックスフォードの廉価版がカウリーでした。名前の話をしますと、オックスフォードシャーには1955年から1958年にかけて6気筒2.6ℓの中型車アイシスがありました。オックスフォードの近くを流れているテムズがテムズ河の支流が無数にあり、いずれもテムズなのですが、固有の名前を持った河もあります。オックスフォードの近くを流れているテムズが別名アイシスなのです。今トヨタにもアイシスがありますが、これはきっと英和辞典に出ている「農業と受胎を司るエジプト神話の女神」に因んだものなのでしょう。

なぜカウリーにやって来たかというと、第二次大戦後のウーズレーがここで造られたから

1948〜54年 6/80。モーリス・シックスのウーズレー版とも言える。

〈イギリス、オックスフォードより 1955年ウーズレー〉

です。ただしウーズレーが生まれたのはここではなく、バーミンガムでした。前身は羊の毛を刈る機械を造るウーズレー・シープ・シアリング・カンパニーでした。同社の総支配人は1895年、フランスのレオン・ボレーに倣って水平単気筒OHCエンジンを持つ三輪自動車を作り上げます。その人こそ誰あろう、ハーバード・オースティンだったのです。1899年に生産を開始したのは3½馬力の四輪車で、1900年のサウザンド・マイル・トライアルに大成功を収めます。オースティンはその後も多くのクルマを設計、レースに参加する人もサポートしました。1905年にオースティンが自らのクルマを作るべく去ると、J・D・シドレーが設計に当たり、小は10RAC馬力から、大はロールス・ロイス並みの40/50馬力まで実に多様なクルマを少量ずつ生産します。

1927年にナッフィールド・グループに加わってからは、しだいにモーリスに同化され、そのマスクを変えた堅実な実用車になっていきます。この時にウーズレーのアイデンティティを示すためにラジエターに付けられたのが、夜間、中にランプの点る白い楕円のエンブレムです。ウーズレーはスコットランドヤード（ロンドン警視庁）を始めとする全英の警察署で1960年代まで多用されたので、事件の現場には必ずウーズレーが見られました。今度アガサ・クリスティー作品の映画を見る際には注意してみてください。

1952年にBMCになってからのウーズレーは、合理化の激しい洗礼を受けます。旧来のウーズレーの販売網を通じて売るのだけれども、クルマ自体は可能な限り他車と共通のモノコックボディやパワートレーンを用いなければコスト削減という合理化の実は上がりませんから。1949年以来の最も小さいクラスは4/50（フォア・フィフティー）といい、4気筒OHC、1.5ℓのモーリス・オックスフォードのウーズレー版で、伝統的なラジエター

―――― 1955 Wolseley

1953～56年 4/44。MGマグネットと共通のモノコックをもつ。

を持ち、モーリスよりひと回り高級でした。4/50はBMC成立直後の1953年、4/44に発展します。フラッシュサイドの新しいモノコックボディはMGマグネットと共通でダブルウィッシュボーンの前輪独立懸架もトーションバーから、オースティンのコイルに改められました。エンジンはMG・Tシリーズの4気筒OHV、1・25ℓユニットをシングルSUキャブレターでデチューンしたものです。ステアリングはMGマグネットと共通のラック・ピニオンで、ギアボックスは4段コラムシフトという奇妙な組み合わせでした。

いっぽう直列6気筒の中型車は1948年以来モーリス・シックスのウーズレー版たる6/80で、SOHCの2・2ℓエンジンを備えていました。ボディは鼻が長いほかは4/50とほぼ共通でした。BMCになって2年後の1954年には6/90に発展します。モノコックボディはライレーのパスファインダーと共通の完全なフラッシュサイドになり、エンジンも新設計のBMC CタイプOHV、2・65ℓのツインSU仕様になりました。6/90もギアボックスは4段コラム、"フォア・オン・コラム"で流行の波に押し流されていたと言えますね。

ウーズレーは4気筒も6気筒も1959年にピニンファリーナ・デザインの新型に生まれ変わり、さらに1961年にADO15ホーネット、1965年にはADO16の1100/1300、1967年にはオースティン1800ベースの18/85なども追加しました。しかしそれらは完全なバッジエンジニアリングの所産で、グリルとウォールナットのフェイシア以外はモーリスやオースティン、MG、ライレーと選ぶところはありませんでした。しだいにアイデンティティーを失っていったウーズレーは、1973年頃静かに表舞台から去っていきました。

隠居にはブランドに固執しながら、あまりにも合理化しすぎた結果のように思えます。英国自動車産業衰退の遠因はこんなところにあったのではないでしょうか。

1954〜56年 6/90。ライレー・パスファインダーと共通のボディをもつ。

<イギリス、オックスフォードより 1955年ウーズレー>

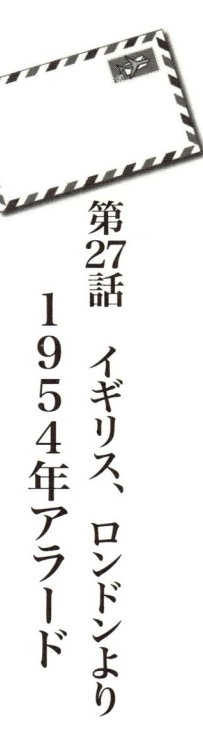

第27話 イギリス、ロンドンより 1954年アラード

お元気でお過ごしのことと思います。今、英京(古いですね)ロンドン市はサウスウェストのクラファム・ハイ・ストリート24/28番地という所に来ています。この辺は小さな工場などが散在する所で、今はあとかたもありませんが、実はかつてここにジ・アラード・モーター・カンパニー・リミテッドがあったのです。大メーカーで本社をロンドン市内にもつ会社は少なくありませんでしたが、工場がロンドン市内にあった会社というのは珍しいと思います。

英国では高性能なクルマを買えない財布の軽い若者が、裏庭で中古車のパーツを寄せ集めてスペシャルを作り、ヒルクライムやトライアルに挑戦するということがよく行なわれました。いわゆるバックヤード・スペシャルというものです。もしいい成績を挙げることができれば、彼のもとには「私にも同じクルマを作って」という注文がくるようになります。こうして彼は自動車メーカーへの道を歩みはじめるのです。英国にはこのようにして生まれたクルマが数限りなくあり、アストン・マーティンやロータスもその例に漏れません。

この手紙の主人公アラードもまたそうして生まれたクルマのひとつで、シドニー・アラードが英国製の1934年フォードV8をベースに作り上げたトライアル・スペシャルがその

1954 Allard

122

発端でした。シャシーは基本的にフォードでしたが、あの有名な横置きリーフスプリングで吊られた前輪のリジッドアクスルを中央で切断して独立懸架にしています。したがってスウィングアクスルというわけで、古いトライアル中の写真を見るととんでもないキャンバーが付いていることがあります。ボディは何とグランプリ・ブガッティのものだったと言います。

とにかくこのクルマがトライアルで活躍する姿が人々に強い印象を与えたようで、シドニー・アラードのもとに注文が舞い込み、ついに彼は1937年にロンドンのパトニーに最初の工場を持ち、細々ながら生産を始めます。ここクラファムに移転したのは第二次世界大戦の終わった1945年のことです。

1946年に発表した最初の戦後型では、依然3.6ℓのフォードV8のシャシーを用いていましたが、ぐんと低められ、ボディも洗練されてある意味で格好いいグリルも付きました。オープン2シーターのK、同4シーターのL、ドロップヘッドのMの3タイプがあります。1949年に前輪スプリングがコイルになり、ブレーキも初めて油圧になりました。シドニー・アラード自身の操縦で1952年のモンテカルロ・ラリーに優勝したのはこのP1サルーンで、4.4ℓで115馬力に強化されたマーキュリーのV8を搭載していたと言います。

前後しますが、1950年には有名なコンペティションモデルのJ2が生まれます。グランプリカーを2シーターにしてサイクルフェンダーとヘッドライトを付けたようなクルマで、後輪懸架はド・ディオンになっています。英国内向けはOHVコンバージョンをもつ3.9ℓマーキュリーV8付きでしたが（それまではSVです）、当時スポーツカーブームの起こりつつあったアメリカにはエンジンレスで輸出され、キャデラックやオールズモビル、ク

右頁：1949〜51年P1サルーン。

左：1950〜52年J2X（Xは後輪がリジッドのタイプ）。

123　　＜イギリス、ロンドンより　1954年アラード＞

ライスラーなどの巨大なV8エンジンが搭載されました。後に究極のACコブラに行き着くアングロ・アメリカン・スポーツのはしりになったのです（戦前にもジェンセンやブラフ・シューペリアのようなビッグ・アメリカン・エンジン付きのクルマはありましたが、それらは英国内向きで、対米輸出用ではありませんでした）。英国ではJ2は加速競走でジャガーXK120を打ち破る唯一のクルマと言われていました。

1950年に入るとアラードの各型はボディをわずかにモダナイズして2型に発展します。まず1950年にKがJ2に流線型のフロントウィングと大型のウィンドシールドを付けたようなK2になり、1951年にはMがM2Xに、1952年にはPがP2モンテカルロに発展します。M2XとP2ではコラムシフトがフロアシフトに改められ、グリルはAllardの頭文字をアレンジしたものになりました。さらに1952年にはKシリーズが、鋼管フレームにフルウィズのフェラーリ風のボディを持つK3に発展します。このK3も多くはエンジンレスでアメリカへ輸出されました。同じ1952年にはP2モンテカルロのエステートカー版がサファリの名で発表されています。

しかし高性能なスペシャリストカー・マーケットではウィリアム・ライオンズのジャガーXKの成長が著しく、アラードのような手造りのクルマを圧迫していきました。アラードの各モデルの生産実績をみても、Kが151台、Lが191台、Mが500台、J2が（J2

―――― 1954 Allard

上：1952〜55年K3ロードスター。
右：1952〜55年P2モンテカルロ・サルーン。

124

Xを含めて）173台、K2が119台、M2Xが25台、P2モンテカルロが11台、サファリが11台、K3が62台と、年を経るに従って減少していきました。行き詰まったアラードは1952年に小型のオープン2シーター、パーム・ビーチを出します。フロリダ半島東岸のビーチリゾートの名を冠したことでもわかるように、アメリカ市場を主目的としたクルマで、フェラーリを小さくしたようなモダンなオープン3シーターです。

シャシーはK3のような鋼管フレームをもちますが、後輪懸架はド・ディオンをやめてリジッドアクスルとしています。エンジンは英フォード・コンサルの4気筒OHV1508ccか同ゼファーの6気筒（もちろん直列です）OHV2262ccで、性能的には前者で130km/h、後者で160km/hと取るに足りませんでした。しかしこのパーム・ビーチもコンサル・エンジン付きが8台（たったの！）、ゼファー・エンジン付きが65台作られたに終わりました。最後の数台はジャガーXKエンジンを積んでいたという説もあります。

戦後英国製スポーツカーをエンジンなしでアメリカへ輸出するという商法で成功し、この道を開いたアラードでしたが、2年後に大化けするACコブラの登場を見ることなく、1960年にその幕を閉じたのでした。

右頁上：1952～55年パーム・ビーチ前期型と後期型（上）。

左：1955年パーム・ビーチ・サルーン（プロトタイプ、生産されなかった）。

＜イギリス、ロンドンより　1954年アラード＞

第28話 イギリス、コヴェントリーより 1951年トライアンフ・リナウン

またウォリックシャー州のコヴェントリーに戻ってきました。ここはイングランドのちょうど真ん中に位置し、ロンドンから西北に150kmほど、州都バーミンガムの手前30kmほどの所です。人口34万ほどの中都市で、言うまでもなくアメリカのデトロイト、イタリアのトリノと並んで自動車産業の集中したいわば英国のクルマの中心地です。いや「でした」と言うべきでしょう。英国の自動車産業の衰退は目を覆うばかりで、今でもここでクルマを生産しているのはタタ傘下となったジャガーくらいのものですから。中世のコヴェントリーは織物の産地で、そのため今もストッキングやレーヨンの生産で知られます。産業革命後は工業化が著しく、近代では自動車工場や航空機工場が発達した英国産業の中心地となりました。

今日はこのコヴェントリーの町で生まれ、消えていったトライアンフの話をしましょう。1954年にはスタンダードと合併、1961年にはトラック、バスの大メーカーに吸収されてレイランド・グループとなり、さらには1967年にローバーを加えた後、1968年にはBMHと合併してBLMCとなります。その後ローバー・グループとなる中で、1984年にトライアンフのブランドネームは消滅していますから、もう27年も前に消えてなくなったクルマということ

1951 Triumph Renown

まさに"プアマンズ・ロールス・ロイス"のトライアンフ・リナウン。ホイールベース(WB) 2.74m、2088cc、68馬力、1297kg、123km/h。

126

になります。そうした意味でも、またクルマそのものも典型的なブリティッシュであったと言えるでしょう。

英国にトライアンフという超有名なモーターサイクルがあるのをご存知でしょう。BSA（バーミンガム・スモール・アームズ）と並ぶトップブランドでした。実はトライアンフはこのモーターサイクル会社で呱呱の声を上げ、1936年に"離婚"するまでは二輪と四輪は同じファミリーでした（その後も両者の間には関係がありましたが）。1903年の最初の製品はいかにも二輪車メーカーらしく、モーターサイクルから派生した三輪車で、四輪車の誕生は1923年まで待たねばなりませんでした。それは燃焼室の権威リカルドが設計した4気筒SV（サイドバルブ）、1.4ℓエンジンと4段ギアボックスを持つ小型車でした。以後トライアンフの製品は最大でも2ℓ止まりの小型車中心となります。初期に最も成功したのは1928年に発売したSV、832ccのスーパー・セヴンで、エンジンと一体のギアボックスや油圧ブレーキ、ウォームの最終駆動を持っていました。隠居の考えですが、スーパー・セヴンはたぶん当時大成功を収めていたオースティン・セヴンの上を行くクルマという命名だったのでしょう。

1934年には6気筒Fヘッド、1.5ℓでオープンだ

上：リナウン・サルーンはやっぱり黒塗装のほうが似合う。東京の路上でも何台か見られた。Aピラーが非常に細いのはレイザーエッジならではだ。

左：リナウンにパワートレーンやコンポーネンツを提供したスタンダード・ヴァンガード。これは1953〜55年のフェイズ2で、この前は完全なプレーンバックだった。

＜イギリス、コヴェントリーより　1951年トライアンフ・リナウン＞

と110km/hを超えるグロリアが発表され、ドナルド・ヒーレーの操縦でその年のモンテカルロ・ラリーの軽量級に優勝します。ヒーレーは1963年から39年にかけてトライアンフの設計を担当、6気筒2ℓでアメリカのハドソンそっくりの顔を持つドロミテなどを生み出します。前後しますが1935年、トライアンフはイタリアのアルファ・ロメオ8C 2300（1931～34年）そっくりの直列8気筒DOHC、2ℓのオープン2シーターの初代ドロミテを発売します。それはアルファ・ロメオの抗議を受け、結局トライアンフはイタリア政府にモーターサイクル100台を賠償として送ったと言われています。ドロミテ・モンテカルロ・ラリーに参戦したヒーレーは、1935年にはフランスで列車と衝突、1936年には8位に終わりました。

第二次世界大戦終戦の年、1945年にトライアンフはジョン・ブラックの主宰するスタンダードの支配を受け、社名はスタンダード・トライアンフになります。そして1946年、トライアンフは1800サルーンと1800ロードスターを出します。その4気筒OHV1776cc、65馬力エンジンは、スタンダードがジャガー1½ℓサルーンのために生産していたものです。この1800サルーンが今回の主人公です。ホイールベース2.74mのシャシに載った4ドア・6ライトのサルーンは、1930年代後半のロールス・ロイスを小さくしたかのような見事なレイザーエッジ・ボディなのです。

レイザーエッジは英国の多くのコーチビルダーが1930年代に完成したもので、文字どおりカミソリの刃で削ったような面で構成されています。平面ガラスとクロームメッキの窓枠が映えて、いかにも英国人好みのクラシックな典雅さをみせます。1800サルーンは小型の量産車ですが、いかにもレイザーエッジのよさをよく再現しており、細いフロントピラーなどな

―――1951 Triumph Renown

WB2.82mのリナウン・リムジン。グラスセパレーションはあるものの補助席はなく、前席も固定であった。トランクリッドが二重で、下に降ろして余分に荷物が積めるのはこの種のボディの特徴であった。

かなか見事です。1949年にはスタンダード・ヴァンガードの2088ccエンジンとギアボックス、後車軸を移植した2000サルーンとなり、さらに同じ年、前輪独立懸架をトライアンフの横置きリーフからヴァンガードのウィッシュボーン・コイルに改めてリナウンになります。リナウンにはホイールベース2・74mのサルーンのほかに、2・82mのLWBサルーンとリムジンもありました。このレイザーエッジの4ドアモデルは190台のリナウン・リムジンを含めて1万台弱が生産されましたが、いったいどんな人が買って乗ったのでしょうね？あるいは英国に多い、会社が買って社員に貸与するカンパニーカーに使われたんでしょうか。特にリムジンはガラスのディビジョン（仕切り）こそありますが、ジャンプシート（補助席）はありませんから、例えば質素な老婦人が執事に運転させて乗る、と言った使われ方をしたのかも知れませんね。

それよりもっと驚くべきクルマは、1950～53年におよそ3万5000台造られたメイフラワーです。ホイールベース2・13mの小さな2ドア・サルーンをレイザーエッジにしたもので、この長さでは"お引き摺り"のフェンダーにはできないのでフラッシュサイド（英国人は好んでスラブサイドと言いますね）にしており、まことにもって奇妙なスタイルになっています。エンジンは戦前のスタンダード10の4気筒SV、1247cc、38馬力で、ギアボックスも流用でしたが、一応コイルの前輪独立懸架と油圧ブレーキを備えていました。モダーンとクラシックの融合した奇妙なクルマで、これまた英国ならではのものと言えるでしょう。

その後もトライアンフは1953年に成功したTR2の路線でスタンダード・トライアンフのスポーツカー部門の様相を呈してゆきますが、度重なる吸収合併の結果生き残れなかったのは残念です。

今見るとちょっと気恥ずかしい気もするトライアンフ・メイフラワー。日本にも当時何台か入った。WB2.13m、1247cc、38馬力、865kg、105km/h。

＜イギリス、コヴェントリーより　1951年トライアンフ・リナウン＞

第29話 イギリス、バーミンガムより 1954年シンガー

今は英国、イングランド中部のちょっと西寄り、コヴェントリーの西北西30kmほどの所にある大都会バーミンガムに来ております。おっと、これは言い方が逆でコヴェントリーがバーミンガムの東南東30kmにあると言うべきでしょうな。なにしろバーミンガムは人口100万を超える、ロンドンに次ぐ英国第二の大都会なのですから。鉄道、道路が四通八達した交通の要衝です。バーミンガムは産業革命により急速に発達した街とされており、さまざまな金属の精錬をはじめとする工業が盛んで、車輌産業も集中していました。そのため第二次大戦中はルフトヴァッへ（ドイツ空軍）の標的とされ爆撃を受けました。

コヴェントリーに近いので自動車工場も少なくありませんでした。そのひとつがシンガーで、1905年にコヴェントリーで創業しましたが、1927年にはバーミンガムにも工場をもち、双方で生産、次第にバーミンガムに主力を移しました。えっ？シンガーってミシンだろうって？無理もないですね。英国の自動車産業からこの名が消えてからもう30年以上も経つのですからね。えっ？「またそんな知らないマイナーなクルマばっかり選んで」ですって？それは何度も言いますが、メジャーなクルマは語られることが多いけれど、マイナーなクルマは取

1954 Singer

1949～54年 SM1500サルーン。何とも不器用なデザインのこのクルマ、何台かはわが国にも入った。

130

ところでシンガーですが、もともとは自転車会社でしたが、1905年にパークス・アンド・ビーチ社を買収して前二輪駆動の三輪車とモーターサイクルの生産を始めました。1905年からは四輪車も生産しますが、それは伝統的にオーソドックスな実用車で、時には2・4ℓや3・7ℓの中型車もありましたが、中心は常に1ℓ前後の小型車でした。1928年に例を取れば、モーリス、オースティンに続く英国第3位のメーカーにのし上がっています。もっともそのために非常に多くの車種を揃えており、それが後に経営難の遠因になります。

この実用車一辺倒のようなシンガーでさえ、初期からしばしばレースやトライアルに挑んで多少の成果を挙げたのは、さすがにジョンブルと言うべきでしょう。

1933年、シンガーはライトウェイト・スポーツカーの"ナイン・スポーツ"を発表して、MGミジェットに挑みます。それは972ccという小さな4気筒SOHCエンジンをもち、33馬力で104〜112km/hが可能でした。このエンジンはSOHCをもつわりにはボトムが貧弱で、メインベアリングはふたつしかありませんでしたが、意外にタフで、レースやラリー、スピードトライアルの1ℓ級でかなりの成功を収めました。例えばルマン24時間では1934年に総合の13、18位で、2年にわたる成績を競うビエンナーレ・カップでも2、3位を占め、最良の1938年にはわずか972ccで総合の8位に食い込みました。その結果高性能版は"ナイン・ルマン"と名付けられました。

1951〜56年SMロードスター。対米輸出用のムードだけの擬似スポーツカー。わが国にも米兵が何台か持ち込んだ。

〈イギリス、バーミンガムより 1954年シンガー〉

第二次大戦後のシンガーは"ナイン・ルマン"を含む戦前型で生産を再開しますが、1948年には生産をバーミンガム工場に集約、初の戦後型、SM1500サルーンを発表します。そのボディはフラッシュサイドをもつフルウィズと言えばモダーンに聞こえますが、これがまったく生真面目で気の利かない"偽モダーン"なのです。おそらく戦後の英国車の中でもワーストワンでしょう。一見モノコック風で、ボディは頑丈だったと言いますが、実はセパレートシャシー付きで、それでもダブルウィッシュボーン+コイルの前輪独立懸架と油圧ブレーキ、ステアリングコラム・シフトなどの新装備をもっていました。1497ccのSOHCエンジンは48馬力を出し、車重1143kgを124km/hで引っ張りました。

1951年には戦前の"ナイン・スポーツ"に似たSMロードスターを復活させますが、これがSM1500のホイールベース、トレッドともに縮小したシャシーに1930年代風のオープン4シーターボディを着せたもので、形ばかりのスポーツカーでした。エンジンはサルーンと同じ48馬力で、車重は790kgと軽かったけれど、ギアリング（シンガーは常にローギアードでした）が同じなのと空気抵抗が大きいので、最高速度は124km/hと変わりませんでした。後にはツインSU付き58馬力エンジンもオプションになり、辛うじてスタイルに似つかわしい性能になりました。1951〜55年に3440台を生産しましたが、ほとんどがドルを稼ぐために大西洋を渡り、英国では稀だったと土地の人に聞きました。ちなみにサルーンの1955年までの生産は1万7382台で、これでは台所は楽ではなかったどころか苦しかったでしょうね。1954年にはSM1500のボディにロードスターのラジエターを無理矢理くっつけたような"ハンター"を出します。ツインSU付きのエンジン

1954 Singer

1954年の最後のSM1500サルーン。グリルがわずかに異なり、ツートーン塗装になっている。日本に入った1台。

やフロアシフトギアボックスも装備できましたが、1956年までに4772台を生産したにとどまりました。

というのも、1956年の初めにシンガーはルーツ・モータースに買収されてしまったのです。その結果生まれたシンガー・ガゼルはヒルマン・ミンクスのボディにSMロードスター風のグリルを付け、52馬力のシンガーのSOHCエンジンを積んだクルマになりました。ルーツ・モータースは1920年代にハンバーとヒルマン・ミンクス、それと商用車のコマーシャル・カーズが合併して生まれた会社で、1930年代にコーチビルダーのスラップ・アンド・メイバリー、タルボット、サンビーム、商用車のキャリア・モータースなども加わりました。

BMCに次ぐ民族資本の大メーカー、ルーツも、1964年に強引に対欧進出を図るクライスラーの資本を受け入れ、1973年には完全にその支配下に入りました。しかしクライスラーは欧州に利なしと見るや、あっさりとルーツから手を引き、結局クライスラー・フランス（旧シムカ、後タルボ）を引き取ったプジョーの傘下に入り、1985年にプジョー・タルボットの英国法人となりました。かつて英国3位を誇ったシンガーの辿った運命は英国の自動車産業の消長とぴったり重なっているように思えます。それにしても不器用なシンガーはどこか憎めないメーカーなんですよね、これが……。

上：1953年にSMロードスターの後継車として26台だけ試作されたSMX。FRPのボディは初代フェアレディといい勝負だ。

左：1954〜56年ハンター。SM1500サルーンに伝統的なグリルを無理にくっつけたもの。本革のシート、ウォールナットの計器板をもつデラックス版。

〈イギリス、バーミンガムより　1954年シンガー〉

第30話 イギリス、コヴェントリーより 1953年ハンバー・インペリアル

お元気でしょうか？隠居はまた英国のモータータウン、コヴェントリーに戻ってきました。今はすっかりさびれてしまいましたが、かつては無数にあった英国の自動車会社の7、8割までがここに工場を構えていました。このコヴェントリー市内のハンバー通りに本社を構え、南の郊外のダンスモア河畔のライトンに工場をもっていたのがハンバーです。

ハンバーと言えば1920年代末にヒルマンとともに後のロード・ルーツに買収され、1930年代初めにはタルボットやサンビームも加えてルーツ・グループを形成した会社です。ルーツ・グループにはこのほかにコマーシャル・カーズやキャリア・モーターズなどの商用車も加わっており、戦後の1956年にはもうひとつの英国車シンガーも加わりますが、1964年には海外進出を急ぐクライスラーの資本を受け入れ、1973年には完全に買収されてしまいます。しかしクライスラーが欧州から撤退した結果、1978年にはプジョーの支配下に入り、1985年にはプジョー・タルボと改名します。その後しばらくはプジョーを生産していましたが、今は販売会社になっているようです。

しかしハンバーの歴史は古く、トーマス・ハンバーが自転車工場を設立したのが1868年で、19世紀末にはモータートリシクル（三輪車）やクォードリシクル（四輪車）を造って

―1953 Humber Imperial

134

いますから、英国でも古いメーカーのひとつです。その後のハンバーは1.5ℓのライトカーから、5〜6ℓの大型車までの幅広いレンジを持ち、どちらかと言えばおっとりとした実用車メーカーと考えられています。しかし第一次大戦前まではレースにも積極的で、特に地元英国のツーリスト・トロフィー（TT）ではかなりの活躍を示しました。

ルーツ・グループ内ではヒルマンが大衆車、サンビーム・タルボットがスポーツ/スポーティーカー、ハンバーが高級車という住み分けが行なわれます。ベーシックなハンバー・ホークはヒルマンのフォーティーンをデラックス化した4気筒2ℓ車で、その上にシャシー、ボディを引き延ばして6気筒2.7ℓエンジンを積んだスナイプ、同じく4.1ℓのスーパー・スナイプが位置し、最上級に大型サルーンのインペリアルと同ボディでリムジンのプルマン（ともに6気筒4.1ℓ）が座りました。インペリアルとプルマンは、古いコーチワーカーでかつてはロールス・ロイスのボディを造ったこともあり、1930年頃にルーツ・グループに加わった、スラップ・アンド・メイバリーがボディを担当した高級車です。ロールス・ロイスやベントレーには及びませんが、オースティンのA125シーアラインやA135プリンセスと競う、ショファードリブンのクルマでした。

技術的にみれば、1936年に6気筒車が横置きリーフの前輪独立懸架を採用したのが特筆され、1939年に油圧ブレーキを採用したのも英国では早いほうでした。第二次大戦中はスナイプ・ベースのサルーンが、英国軍の将官用として使われました。6気筒4.1ℓエンジンは1953年にOHV化され、ホークは翌年OHVの2.2ℓになります。

ここでまた隠居の昔話をさせていただきましょう。あれは隠居がまだ東京から100kmほど北の地方都市の高校3年生の時ですから、1956年のことです。隠居は、クルマのデザ

右頁：1953〜54年のハンバー・マークIVプルマン・リムジン。英国大使館にはインペリアル・サルーンともども2、3台はあったと思う。

イナーになりたくて、東京芸大美術学部の工業意匠学科を狙っていました。夏休みに受験生向きの講習会があり、隠居も一週間ほど上野の山へ通いました。朝キャンパスへ着くと、爽やかな朝日を受けた濃い緑の彼方に、ピカピカに磨かれた1台の黒塗りの巨大なクルマが見えました。そのクルマは辺りを払う唯ならぬ気配を感じさせました。それがハンバーのプルマンでした。

OHVの4138cc、116馬力のブルー・リバンド（リボン）エンジンを積んで、1953〜54年にごく少数が作られた最後のプルマンです。講習会のデッサンも上の空で休憩時間にそのクルマの所へ行き、時間を持て余している制服制帽のショファーに話を聞きました。するとこれは英国大使館のクルマで、駐日大使のお嬢さんが芸大へ日本画の手ほどきを受けに来ているのだということでした。昼過ぎに白いドレスの大使令嬢が乗り込んで帰っていくのを、眩しく見送ったのを今も鮮明に覚えています。

もうひとつ、これは隠居が三栄書房に入社してモーターファン誌の美術部に在籍していた時ですか

———1953 Humber Imperial

上：1954年にフェイスリフトを受け、2.3ℓエンジンがOHVの58馬力となったホーク・マークV。サイドグリルの端がウィンカーを巻き込んだマークVは少なかったが、SVのマークIVまでは日本で比較的よく見られた。

左頁：長い鼻の下に直列6気筒OHV、4.ℓ 116馬力エンジンをもつスーパースナイプ・サルーン。かなりの高級車であった。

ら、1957年から58年にかけての冬の朝のことです。場所は四谷見附の交差点で、当時はまだ都電が走っており、角には都電の線路を遠隔操作で切り替える係の入る小屋が柱の上に載っていましたし、道路には安全地帯もありました。隠居は国鉄・四谷駅へ行くべく、信号を待っておりました。その朝はちょっと寒さがゆるんで、薄い霧が出ていました。

と、道路の反対側を本塩町方向から当時の国会図書館（旧赤坂離宮、現迎賓館）の方向へ、1台の大きな黒い車が音もなく走り抜けていきました。それは細長いラジエターグリルからもひと目でそれとわかるハンバー・プルマンでした。まだフェンダーはストンと切れないでわずかに裾を引き、P100ほどは大きくはないけれども後のものほど大きくはなく、美しく流れていました。ルーカスの反射式ヘッドライトが独立し、トランクはあるけれども後のものほど大きくはなく、美しく流れていました。その形から推せば、戦争直前か直後のまだSVのプルマンでしょう。

前席には制服のショファーと助手が乗り、中央のジャンプシートにはお供がふたり座り、後席には老夫婦が膝に毛布を掛けてゆったりと寛いでいました。その光景は一瞬霧のロンドンにワープしてしまったのではないかと、目を疑わずにはいられなかったほどでした。乗っていたのはすべて日本人でしたから、このパセンジャーがどこのどなたか調べればわかると思い、その後何人かの方にこの話をしましたが、結局わからずじまいでした。そして、ハンバーもプルマンともなれば、まだこんなクラスの人がいたのでした。そして、ハンバーもプルマンともなれば、こんな使われ方のされるクルマだったのです。

137　〈イギリス、コヴェントリーより　1953年ハンバー・インペリアル〉

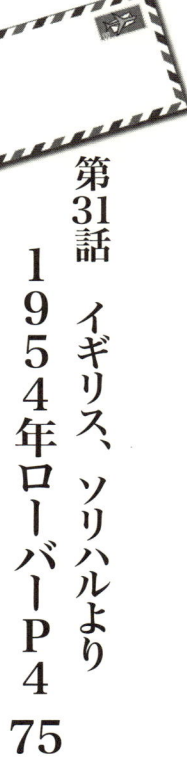

第31話 イギリス、ソリハルより 1954年ローバーP4 75

お元気のことと思います。今は英国ウォリックシャー州のソリハルという小さな、静かな町に来ております。ロンドンから北に180km行った所にかつてのオースティンの本拠地だった大都会バーミンガムがありますが、その南の郊外にあるのがソリハルです。イングランドにも網の目のように運河が張りめぐらされていますが、それらの中でもロンドンからアイリッシュ海に抜ける幹線のバーミンガム運河とブライス川が交差する所にある、人口10万そこそこの小さな町です。その特産物は(かつて英国の自動車産業が繁栄していた頃の話ですが)自動車でした。そしてその自動車こそ、ローバーだったのです。

ローバーと言えば数ある英国車の中でもミディアムからアッパー・ミディアム・クラスの堅実な実用的サルーンで、高品質だがどちらかと言えば地味なクルマでした。そのローバーが、モーリスやオースティンでさえ、とうの昔にないというのに、英国の民族資本の量産カーとして最後まで残ったのは、歴史の皮肉に思えてなりません。ちなみにローバー(rover)とは「うろつく人、流浪者」のことで、古語では「海賊」という意味もあったようです。エンブレムが帆船であるところをみると、ローバー車の場合は海賊だったのかも知れません。

ローバーは古くからある自転車メーカーで、1888年にはJ・K・スターレイの電気自

--- 1954 Rover P4 75

動車も作っています。本格的に自動車に参入したのは1903年のことで、比較的オーソドックスな初の四輪車、単気筒の"8馬力"を発表します。このクルマはコラムシフトとカムシャフトブレーキ、それにボビンにワイアを巻く方式のステアリングをもっていたといいます。ステアリングは間もなくラック・ピニオンになります。この8馬力車は1906年にドクター・ジェファーソンによるロンドン─コンスタンティノープル（イスタンブール）間走破にも使われて、圧倒的なスタミナを示しました。

最初の4気筒ローバーはSV、3・1ℓのシャフトドライブ車"16/20馬力"で、どちらかといえば平凡な設計で、400ポンドという比較的低価格で売られました。ところがどうしてこの16/20馬力、おしとやかな家庭婦人かと思ったらなかなかのお転婆で、1907年のTTレースでは3・5ℓに拡大強化されてカーティスの操縦でなんと優勝を果たしました。ところで1908年の単気筒の8馬力車は右ハンドルにもかかわらず右手のフロアシフトを採用します。それは戦後まで続きますが、ほかにはロールス・ロイスとベントレーにしか見られない特徴でした。

この単気筒の8馬力車と、直列2気筒1・9ℓの12馬力車には、なんとナイト式のダブル・スリーブバルブが用いられます。アメリカのチャールズ・ナイトが開発したこのシステムは、4ストロークなのにポペットバルブをもたず、内外2枚のシリンダースリーブをカムで別々に摺動させ、それに開いたポートを一致させて吸気と排気を行なうものでした。ポペットバルブがな

右頁：1937～48年シクスティーン。古典的な側面観。

左：1948～49年"P3"30/70サルーン。

〈イギリス、ソリハルより　1954年ローバーP4 75〉

いので飽くまでも静かでスムーズなのですが、オイルの消費が多く、また排気に青い煙がまじるのが欠点でした。また構造上高回転が不得手なので比出力は低めでした。そのためナイト式はもっぱら多気筒大排気量の高級車に用いられました。だから単気筒8馬力、2気筒12馬力のローバーは非常に珍しい例と言えます。

1912年でそれらの単気筒と2気筒車の生産を終えたローバーは、以後4気筒のオーソドックスな、しかし高品質の中型車に専念することになります。

年代が下がって第二次大戦直後の1945年、ローバーは工場をバーミンガムからここソリハルに移します。

戦後生産を再開したモデルは基本的に戦前の1937年に発表したものでしたが、1939年にはギアボックスをシンクロナイズし、1940年にはホイールをワイアからディスクに改めていました。車種は4気筒OHV、1.5ℓのトゥエルヴ、6気筒OHV、1.9ℓのフォーティーン、同2.1ℓのシクスティーンなどがありました。別の最も小さい4気筒OHV、1.4ℓのテンは遅れて1939年に発表されたので、リモートコントロールのシフト（右手フロア）やアン

1954 Rover P4 75

上：1948年ランドローバー。

右：1950〜54年"P4"75サルーン。

140

ダースラングのシャシー、自動注油装置などを備えていました。奇妙なことにローバーは1930年代のなかばに油圧ブレーキを採用しますが、すぐにメカニカルに戻しています。

1948年にはモデルチェンジが行なわれ、"P3"の60馬力と75馬力になります。ボディは1937年以来のものと区別はつきませんが、シャシーは改造されてコイルの前輪独立懸架を採用、ブレーキも油圧になりました。IOEに新設計されました。それ以上に大きく変わったのはエンジンで、OHVからIOEに新設計されました。IOEは"inlet over exhaust"の略で、排気はSVで、その上方に吸気のOHVがあります。その形状からFヘッドと呼ばれることもある形式で、OHVとSVの両方の特徴を活かしたものと言われていました。IOEは戦後のロールス・ロイス・シルヴァー・レイスやシルヴァー・クラウドの直列6気筒エンジン、同じく戦後のウィリスのシビリアン・ジープやエアロ・セダンの直立6気筒エンジンにも使われました。P3の60馬力は4気筒1.6ℓ、75馬力は6気筒の2.1ℓでした(そうそう1948年のローバーにはもうひとつ忘れてはならないことがありました。それはあの英国版ジープとも言うべきランドローバーが発表されたことです)。

こうした"P3"におけるシャシー、エンジンの改良を踏まえて1950年に発表されたのが、初の本格的戦後型ローバーの"P4"です。特に大きく変わったのはモノコックになったボディで、客室はぐんと前進してホイールベース間のいわゆるコンフォートゾーンに収まり、後部に大型のトランクをもつ3ボックスの近代的な4ドア・4ライト・サルーンになりました。リアフェンダーのアウトラインは残っているものの、フェンダーが高い位置を通るスラブサイドになり、客室が幅いっぱいを占めるフルウィズになりました。グリルはほとんど真四角のシェルをもつ平面的な縦縞で、その両肩にヘッドライトが埋め込まれています。

1954年"P4"90サルーン。

＜イギリス、ソリハルより　1954年ローバーP4 75＞

重量感溢れる押し出しの強いスタイリングですが、室内もローバーの伝統で木と革に覆われ、高級サルーンの風格をもっていました。そのため1480kgと重く、75馬力エンジンでも129km/hが精一杯でした。またステアリングを始めとするコントロール類がすべて重いのも欠点として指摘されていました。英国の自動車通たちはこうした性質をもつローバーP4は初め6気筒IOE、2・1ℓ75馬力の"75"のみでしたが、1954年にはランドローバーの4気筒IOE、60馬力エンジンを積んだ"60"と、6気筒の2・6ℓ、90馬力の"90"とが追加されました。90馬力でやっと145km/hまで出せるようになりました。

1955年にはフェンダーの先端を尖らせてウインカーを付け、ツートーン塗装とし、リアウインドーも3分割のラップラウンドとします。また、"75"ではエンジンをショートストロークにして高回転化を計りました。"P4"にはその後105R/105S、80、100、95/110など多くのエンジン・バリエーションが設けられ、1959年によりモダーンな3ℓが発表された後も1964年頃まで生産が続けられました。よい意味で保守的で、頑固で、それでいて上品な英国の"auntie"だったのです。

――――――――――――――― 1954 Rover P4 75

上：1955年"P4"。リアウィンドーが大きくなった。

左："P4"の最後の姿。1962〜64年の95/110。

142

第 4 章
フランスからの便り

第32話 フランス、ミュルーズより
1955年プジョー203/403

ボンジュール! お元気ですか? 今、フランスは南北のちょうど中央よりわずか北の東端にあるミュルーズの町におります。ここはドイツ、スイス、オーストリアの3カ国に囲まれたボーデン湖(スイスではコンスタンス湖と呼びます)から流れ出し、蛇行しながら西に向かってきたライン河が、スイスのバーゼルで90度右折し北へ向かって形作った細長い平野の南端に位置します。西にはボージュ山脈があり、東には国境になるライン河を挟んでドイツの黒い森、シュバルツバルトが見えます。

この平野の一帯がいわゆるアルザス地方で、北のバ・ラン(ライン下流県、県都はストラスブール)と南のオー・ラン(ライン上流県)とから成ります。ミュルーズはそのオー・ラン県の県都なのです。北に鉄鉱石を産するロレイヌが隣接するためアルザスは昔から製造業が盛んで、そのため古くからフランスとドイツの間で分捕り合戦が絶えず、今はフランス領ですが、街路にはフランス語とドイツ語が混在しています。住民は両国語を話し、保守派の老人などは今でもフランスからの独立を唱えています。そうそう、古いクルマに興味のある人なら、ミュルーズがフランス国立自動車博物館の所在地であることをご存知でしょう。ミュルーズで手広く紡績工場を営んでいたシュルンプ兄弟が収集したブガッティを中心とするコレ

1955 Peugeot 203/403

右:1949年の最初の203ベルリン。初めからオプションでスライデングルーフがあった。

144

クションを公有化したもので、今も旧シュルンプ紡績の広大な平屋の建物に展示しています。隠居がなぜミュルーズにやってきたかというと、もう何度目かになる博物館訪問をするとともに、ミュルーズから南へバーゼルに向かうルート・ナショナルの左側に大きなプジョー工場があるのを思い出したからです。プジョーはこのアルザスの一帯に多くの工場をもっています。ミュルーズはフランス国鉄の要衝ですが、プジョーの新車を満載した専用列車が北へ、南へ、西へと走る姿をしばしば目にします。プジョー家一族は古くから複数の鉄工所を経営し、工具やコーヒーミル、コーモリ傘やコルセットの骨などを作ってきました。ええ、コーヒーミルは今でも作っており、日本でも買えますよね。

1876年には〝プジョー兄弟の息子たち〟という会社が設立され、そのメンバーのひとりアルマンは1885年、これも今日まで続く自転車を作りはじめます。アルマンはさらに当時呱々の声をあげつつあった自動車の将来性に着目して、1890年には有名なレオン・セルポレの設計で瞬間ボイラー付きの蒸気三輪自動車を造り、リヨンからパリまで試走に成功します。しかし間もなくパナール・ルヴァソールが国産化したダイムラーVツインのガソリンエンジンを搭載した四輪車に転じ、本格的な生産に入ります。

それから120年あまり、プジョーはきわめて多くのさまざまなクルマを作り、またいろいろな出来事を経て今日まで続いています。この短い手紙の中にその長い長い歴史を書き尽くすことはとても不可能です。でも今は堅実な実用車に専念しているプジョーも、初期には大小さまざまなレースで大暴れし、技術と名声を高めたことだけは書き留めておかねばならないと思います。特にイスパノ・スイザでマルク・ビルキヒトの弟子だったエルンスト・アンリとポール・ズッカレッリが1912年に設計した4気筒グランプリカーは、高性能車

右頁上：203ベルリンの後姿。これは1947年のプロトタイプだが、生産型とほとんど変わらない。

左：1950年に発売された203ベルリン・デクヴラブル（屋根が下ろせるの意）。

に革命をもたらすものでした。すなわち、史上で初めてツインカム4バルブ・エンジンを備えていたのです。同車は1912年のディエップのACFグランプリに7.5ℓエンジンで勝ち、翌13年には5.6ℓでアミアンのACFグランプリにも連続勝利を遂げました。そればかりか1913年には3ℓでアメリカのインディアナポリス500マイルに挑み、みごと優勝するのです。今日では一般的なDOHC4バルブ・エンジンは、実に99年前のプジョーにまで溯るのです。

話を一挙に戦後まで飛ばしましょう。1946年、ご多分に漏れずプジョーも1938年発売の1.1ℓ、6CV（課税6馬力）の202で生産を再開、1万4000台を販売します。そして1949年に満を持して発表したのが1.3ℓ、7CVの203です。4ドアのボディはフルウィズに近づき、グリルはついに細かい横縞になり、先端にヘッドライトをもつフロントフェンダーは前のドアに融け込み、ルーフはスムーズなファストバック（当時はプレーンバックと言いました）になっています。ひと口に言って1940年代のアメリカ車的な構成なのですが、アメリカ車ほど押しが強くなく、すっきりとしているのはさすがプジョーです。

エンジンは75×73mmという初のオーバースクエアの1290ccで、バルブが1列に並んだOHVですが、吸気が右から入り排気が左から出るクロスフローです。出力は42馬

———— 1955 Peugeot 203/403

上：1953／54年に少数が生産された203クーペ。この年出力は42馬力に上がり、120km/hに性能が向上した。

右：1950年発売の203ファミリアーユ。ホイールベースを2.78m、全長を4.53mに延ばした6／7人乗り。

力で、4段ギアボックスで920kgを116km/hまで引っ張ります。ボディはモノコックで、サスペンションは全輪コイルで前のみ独立です。最終駆動がウォームドライブなのは古くからのプジョーの伝統で、したがってエンジンの押し掛けはできません。ホイールベースは2・58m、全長4・35m、全幅1・62mというコンパクトなクルマです。

203は9CVの404が出る1960年まで長寿を全うし、68万5828台を売るベストセラーになります。1955年には7CVの203よりひと回り大きくモダーンな8CV 403が発表されます。ホイールベース2・66m、全長4・47m、全幅1・67mとやや大きいモノコックボディは、完全なフルウィズの3ボックスになります。量産車らしく強い個性には乏しいものの、よくまとまった破綻のないスタイリングは、プジョーは何もコメントしていませんでしたが、この時からピニンファリーナのデザインでした。エンジンは80×73mmの1468cc、58馬力に拡大され、1030kgを135km/hで走らせました。シャシーの構成は203のそれらを強化しただけでしたが、ホイールベースに対するエンジン位置を前進させることによって、客室もトランクも格段に広く大きくしていました。403は1955〜1967年に、203の倍近い111万9460台も生産され、平均すればほぼ年間1万台に達しました。

この時代のプジョーは自己主張の少ない、地味でおとなしいクルマでしたが、同時に時代性を端的に表した典型的な実用車でもあったのです。

上：1957年に発売された7／8座の403ファミリアーユ。

右：1955年に発売された最初の403ベルリン。平凡だがよくまとまったデザイン。

147　　＜フランス、ミュールーズより　1955年プジョー203/403＞

第33話 フランス、シュレヌより
1954年タルボ・ラーゴ・グラン・スポール

さて、今はフランスのパリから遠からぬシュレヌ（Suresnes）に来ております。フランスのある大型、高性能な高級車の最後を見届けようと思い、ここにやってきました。そのクルマとはタルボで、ドラージュやドラエと競い合ったフランスの名車のひとつです。このクルマにはいくつかの面白いエピソードがあります。フランス語では最後の〝t〟は発音しませんから、Talbotはタルボと読み、初めからフランス名だと思っている人がいますが、実はそうではありません。本当は1896年にアレクサンダー・ダラックが創始したダラック車でした。そういえば今をときめくアルファ・ロメオも、ミラノ郊外ポルテッロにあって撤退したダラックのイタリア工場を買い取ってスタートしたんでしたね。

1920年6月には英国のサンビームとタルボが組んでダラックと連合を結び、サンビーム・タルボット・ダラック（STD）となります。その結果フランス製のクルマはタルボ・ダラックとなり、英国ではタルボットがあるので混乱を避けるため、その後もダラックと呼ばれました。フランスでは間もなくダラックの名が消滅し、英仏海峡を挟んで同じクルマがフランスではタルボ、英国ではダラックとなりました。英国のタルボット（発音は〝トールボット〟に近い）は、1903年にフランス製のアドルフ・クレマンの作るクレマン車を

1954 Talbot Lago Grand Sport

148

輸入するために設立されたクレマン・タルボット社に端を発します。この会社をバックアップしていたのがシュリュウスベリー伯とタルボット氏でした。1906年には純英国製のクルマが作られ、それがタルボットとなったのです。英国は蒸気機関を発明して産業革命をもたらした国ですが、赤旗法という悪法を作ってしまったため、直接関係のない個人用のガソリン自動車に遅れを取り、当時の先進国フランスからの輸入でスタートしたのでした。

話をタルボ、いやダラックに戻しましょう。ダラックは歴史も古いので大小さまざまに多くのクルマを作ってきました。例えば1907年には単気筒1ℓの小型車から4気筒11・5ℓのモンスターまで段階的に多くのモデルがありました。これはフランスの古いタイプの経営者に共通の段階的多車種主義とでも言うべき経営方針で、ルイ・ルノーもその典型で第二次大戦中に他界するまでその方針を貫きました。それに対し第一次大戦後の1919年に自動車に参入するアンドレ・シトロエンは、ヘンリー・フォードのモデルTに倣って単一車種を大量生産する新しいタイプの経営をしました。

サイズの大小ばかりでなく、ダラックは純粋の実用車からレーシングカーまで、種類も豊富でした。しかしカタログ・モデルは比較的オーソドックスでした。少なくとも1935年までは……。この年前述のSTD連合は瓦解し、サンビーム・タルボットは去りタルボ・ダラックは倒産してしまいます。それを買い取り再生させたのがトニー(アンソニー)・L・ラーゴです。ラーゴは英国人ですが、その名前からしてイタリア系だったのではないかと思われます。彼はロンドンでSVエンジンのヘッドをOHVにして出力を向上させるコンバージョン・キットを作って成功していた人で、バルブ・メカニズムのエキスパートでした。

彼は1936年に6気筒OHVエンジンにシンクロメッシュ・ギアボックスを組み合わせ、

右頁：1947〜1948年タルボ・ラーゴ26CVルコール。ファクトリー・ボディの2ドア・セダン。

左：数あるタルボ・ラーゴ26CVグラン・スポールのスペシャル・コーチワークのなかでも最も有名なソーチックのクーペ。1948年パリ・サロン出品車。

149　〈フランス、シュレヌより　1954年タルボ・ラーゴ・グラン・スポール〉

Xメンバーで強化したフレームに前輪独立懸架を持つ2.7ℓの15CVと、3ℓの17CVの2種の新型を出します。さらに7ベアリングで長短のプッシュロッドとロッカーを巧みに使って吸排気バルブをV字形に配置、半球形燃焼室のクロスフローとした4ℓ、165馬力、160km/h超の23CVラーゴ・スペシャルを出します。この有名なヘッド型式は1951年のクライスラー "ヘミ" V8にそっくりコピーされます。ラーゴ・スペシャルはフランスの高性能高級車の仲間入りをするとともに、レースでも活躍します。1937年のモンレリにおけるフレンチ・スポーツカー・グランプリでは1、2、3位を独占、ドニントンパークのツーリスト・トロフィーでも優勝します。ラーゴはストリップ・ダウンした無過給4.5ℓのモノポストでグランプリ・レースにも挑みますが、これはメルセデス・ベンツやアウト・ウニオンの敵とはなり得ませんでした。

第二次大戦直後のグランプリではドイツ勢がいないので、過給1.5ℓ車より少ない燃費を利してかなりの活躍を見せます。さらにグランプリカーを2座にしてフェンダーとライトを付けたスポーツカーでは1950年のルマンを制覇します。生産車（といっても数はごく少なかったのですが）では1946年に4.5ℓ、170馬力で油圧ブレーキをもつタルボ・ラーゴ26CVルコール（レコード）を発表します。さらに1948年には3キャブレターの190馬力で200km/hを出すタルボ・ラーゴ26CVグラン・スポールも登場します。いっぽう1951年にはホイールベース3.12mの共通のシャシーに、ひと回り小さい2.7ℓ、118馬力の6気筒クロス・プッシュロッド・エンジンを積んだ15CVのラーゴ・ベビーも設けられます。タルボ・ラーゴには比較的地味なコーチワークもありましたが、多くのボディはソーチック、シャプロン、アンテム、プールトーなどのカロスリの手に委ねられ、フラン

―1954 Talbot Lago Grand Sport

1951年タルボ・ラーゴ26CVルコール。一見アメリカ車風のファクトリー・コーチワークの4ドア・セダン。

スタ耽美派デザインの最後の華を咲かせたのです。

しかし第二次大戦後のフランス政府は1ℓ前後の小型経済車の大規模な普及を目指して、大排気量のクルマには禁止税的に高率の税金を課しました。その結果大型の高性能車の居場所はなくなり、ドラージュとドラエは1954年、ブガッティも1956年に消えていきます。ひとり気を吐いていたのはトニー・ラーゴで、1953年パリ・サロンでモダーンなイタリア風ボディをまとったショート・ホイールベースの4.5ℓ、26CVグラン・スポールを出します。1955年にはホイールベースを2.9mから2.5mにさらに短縮、4気筒クロス・プッシュロッドの2.5ℓエンジンを積んだ14CVのグラン・スポールも出します。しかしタルボを取り巻く状況は次第に厳しさを増し、1957年にはBMWの2.5ℓV8に積み換え、さらに1958年にはシムカ（旧フランス・フォード）の2.4ℓSVのV8にまで身を落としますが、それが最後となりました。

タルボは1959年シムカにより買収され、シムカ・タルボとなります。英国ではサンビームとタルボットが1936年にルーツ・グループに加わり、そのルーツは1964年にクライスラーの資本を受け入れます。まるで同窓会みたいにSTDが再会したのです。フランスはプジョーの子会社になり、1985年にはクライスラーの支配下に入ってクライスラー・フランスとなります。英国ではサンビームとタルボットが1936年にルーツ・グループに加わり、そのルーツは1964年にクライスラーの資本を受け入れます。まるで同窓会みたいにSTDが再会したのです。1978年にクライスラー・フランスもプジョー傘下に入りました。1985年にはクライスラーが放り出した旧ルーツ・グループもプジョーに入って、サンビームもタルボットも、今はプジョーの中に生き続けていることになるのです。

上：1953年タルボ・ラーゴ・グラン・スポール4.5リッター。イタリアン・ラインの新型。

左：1957年にBMWの2.5ℓV8を備えた最終期のタルボ・ラーゴ"アメリカ"。約80台の生産に終わった。

<フランス、シュレヌより　1954年タルボ・ラーゴ・グラン・スポール>

第34話 フランス、ポワシーより 1950年シムカ

フランスは花の都パリの中心部から西北西に30kmほどのポワシーという町に来ています。ペリフェリーク（周回道路）に隔てられたパリのすぐ西にはオード・ド・セーヌという小さい県があり、その中心のルヴァロワはかつてイスパノ・スイザを始めとする幾多の自動車工場のある、いわばフランスのデトロイトでした。そのさらに西にあるシャトーのあるヴェルサイユです。その北方15kmほどの所に、この辺りでくねくねと曲がっているセーヌ河畔にあるのがポワシーの町です。フランスはパリへの一極集中が激しい国で、その周辺からわずか15kmも離れるともう田舎町なんですね。

このポワシーには今プジョーの工場がありますが、そこが今回の話の舞台なのです。

ここは実はかつてシムカの工場だったのです。シムカは紆余曲折の末、1978年にプジョーに吸収されて1980年代初めに消滅しましたから、それから30年余り、若い衆の中には名前さえ知らない人がいるかも知れませんね。ちょっと古い人なら1968～79年のFWDの"1100"を想い出すでしょうし、もう少し上の世代には1962～78年のリアエンジンの"1000"のシリーズかもしれませんね。"1000"は名にしおうアバルト・シムカ1300のベースにさえなったクルマですからね。

1955 Simca

右：1949年シムカ・ユイット1200。基本的にフィアット1100だが、エンジンが1221ccと大きく、各部のデザインも異なる。

左頁：1950年に発売されたユイット1200ベースのシムカ・スポール。スタビリメンティ・ファリーナのデザイン、ファセル・メタロンのコーチワーク。

152

ところでシムカという名前が何に由来するのかご存知かな？　実はSIMCAはSociété Industrielle Mécanique et Carrosserie Automobile の略で、H・T・ピゴッツィという人がフィアットをフランスで国産化するために1934年に設立した会社です。えっ？　フランスの方が自動車先進国だったはずなのに、なんでイタリアのフィアットを国産化するのか、ですって？　確かにそう言えばそうですね。でもこの時点ですでにフィアットは小型大衆車を量産する術に長けていたでしょうし、明らかにイタリア系のピゴッツィが安価なフィアットを国産化してひと稼ぎしようと考えたのかもしれませんよ。

第二次大戦までのシムカは基本的にフィアットのライセンス生産で、初期には1ℓの508バリッラや2ℓのアルディータなどを造りました。さらにフィアットの進化に伴い、500トポリーノ（シムカ・サンク＝5）や1100（シムカ・ユイット＝8）も生産、かなりよい成績を上げたことです。この頃のシムカで注目されるのはレースにも積極的に参加、なかなかよい成功を収めます。いずれもサンクやユイットを改造した2座のレーシングスポーツで、例えばルマンのインデックス・オブ・パフォーマンス（性能指数賞）では1938年にサンク・ベースの568cc車が、1939年にはユイットがそれぞれ1位になっています。1939年には同じクルマがインデックス・オブ・サーマル・エフィシェンシー（燃料効率賞）でも1位になっています。この1939年のシムカ・ユイットのドライバーのひとりこそアメデ・ゴルディーニで、彼はこの頃すでにサンクやユイットの改造を手掛けていたのです。第二次大戦後ゴルディーニはチューナーとして独立、ついにはF1にまで進出したことはご存知のとおりです。

第二次大戦後は1946年に戦前型のサンクやユイットの生産が再開され、1948年

上：1951年にはスポールのクーペも出た。このルーフはファセルのデザインのようだ。スポールはシャシー、ボディを変えて1962年まで続いた。

153　＜フランス、ポワシーより　1950年シムカ＞

には戦後型のフィアット500Cがその名もシムカ・シス（＝6）として国産化されます。1949年には4気筒OHVエンジンを1221ccに拡大したユイット1200が発表され、その年のパリ・サロンにはそれをベースとしたきわめて美しいシムカ・スポールが発表されます。これは1221ccエンジンの圧縮比を6・25から7・8に上げて40馬力から50馬力に強化したシャシーを用いていました。魅力的な2座カブリオレは有名なボディ工場ファセル・メタロンの製作と発表されていました。しかし隠居はデザインはイタリア、トリノのスタビリメンティ・ファリーナだと信じております。なぜなら、フェラーリ166にまったく同じと言ってよいスタビリメンティ・ファリーナのボディがあります。それにデザインも完全にイタリア風です。スタビリメンティ・ファリーナはジョヴァンニ・バッティスタ・"ピニン"ファリーナの実兄（この人も同じジョヴァンニ）の工場で、若き日のピニンはここでカロッツェリアの仕事を学んだのでした。

スポールはベルリンの850kgに対して920kgとひとり分重かったけれども、135km/hが可能で、当時の7CV（課税7馬力）のクルマとしてはまずまずの性能でした。口の悪い英国人などは「あれはパリジェンヌを横に乗せてシャンゼリゼーをゆっくりと流すクルマで、スポーツカーなんかじゃない」とこきおろしましたが、結構クプ・デザルプ（アルペン・ラリー）やモンテカルロ・ラリーでクラスウィンしてるんですね。後から、これも美しいクーペが追加されました。

1951年夏にはユイットに代わるまったく新しいシムカ9 "アロンド"がデビューします。エンジンこそ古い1221ccを45馬力にチューンしたものでしたが、フルウィズのモダンなボディはモノコックになり、前輪独立懸架はダブルウィッシュボーン／コイルに、最終

1955 Simca

1954年にはグラン・ラルジュの名でアメリカ風のハードドップも加わった。写真は1954〜55年型。

駆動はハイポイドになるなど、大いに近代化されました。アロンドはしだいにフェイスリフトされながら12年の長寿を全うし、数々の生産記録を樹立します。まず発売の翌1952年には生産5万台を達成、1957年1月には累計50万台に達しました。また長距離記録にも挑戦、1953年にはモンレリイ・オートドローモで10万kmを平均100km/hで走破、シトロエン10CV〝プティ・ロザリー〟の1933年の記録を書き換えました。

ルノー、シトロエンにはかなわないまでも、シムカはプジョーとフランスの第3位を争う大メーカーに発展しました。1951年にトラックのユニックを吸収したのを皮切りに1954年にはフォード・フランス、1956年にスイスのトラックメーカー、ザウラーのフランス工場、そして1959年にはタルボをと、次々と傘下に納めたのです。しかし1958年、ヨーロッパ進出を急ぐ米クライスラーがシムカの買収工作を開始、フランス政府の反対にもかかわらず1963年にシムカを子会社化、1969年には社名までクライスラー・フランスと改めてしまいます。ところがクライスラーの業績は次第に悪化、欧州の子会社を手離さざるを得なくなります。1978年プジョーがクライスラー・フランスを買収、社名を一時、昔懐かしいタルボと改めてプジョー・タルボを名乗りました。しかし結局タルボはプジョーに呑み込まれ、シムカは跡形もなくなってしまいました。こうして自らの強引な拡大路線を推し進めたわがままなアメリカの一企業の犠牲となって、フランス第4位(時には第3位)の自動車メーカーは消えていきました。もっともフランスから自動車会社がひとつなくなったことがよかったのか悪かったのか、議論の分かれるところでしょうが。でも隠居からすれば、長く親しんだ名前が消えたのは寂しいことに違いありません。

左:1959〜63年アロンドP60。アロンドはモノコックを変えることなく、外板の変更だけでここまでモダーンになった。

右頁:1951年春にフルモデルチェンジしたシムカ9アロンド(燕)。1953年のフィアット・ヌオーヴァ1100に先駆けてモノコックボディやダブルウィッシュボーン/コイルの前輪独立懸架、ハイポイドのリアアクスルなどを採用した。

<フランス、ポワシーより 1950年シムカ>

第35話 フランス、パリより
1952年オチキス・グレゴワール

1852 Hotchkiss Grégoire

またパリへと戻り、今は北方の郊外におります。オチキスに係わるひとりの人物の足跡を訪ねてみたいと思っているのですよ。

その人の名はジャンアルベール・グレゴワールと言って、オチキス最後のモデルたるオチキス・グレゴワールの設計者なのです。J－A・グレゴワールはきわめて多彩な天分に恵まれた人で、クルマの設計をし、そのクルマでレースをするばかりか、小説を書いたし、アスリートでもありました。小説家としては『ルマンでガスタービン車が優勝する日』という作品を書いたことで自動車界でもつとに有名で、それがきっかけでルマンに勝った最初のガスタービン車に賞金を与える制度ができたほどです。アスリートとしてはテニスや水泳にも活躍したが、ある時点では100m走のフランス・チャンピオンだったといいますからハンパじゃないですよね。

グレゴワールはFWDの偉大な信奉者で、まず1926年、パリ北郊セーヌ河沿いのアニエーレでトラクタ車を生みます。トラクタとは牽引を意味する造語ですね。既製品のSCATの4気筒OHV、1100ccエンジンを前後逆に搭載して前輪を駆動するもので、エンジンにはコゼットのスーパーチャージャーも付けられました。横置きリーフの前輪独立懸架の

ゆえ、トラクタは当時のクルマとしては驚くほど低く安定性に優れました。1926年には早くもいくつかのヒルクライムに成功を収めた後、1927年のパリ・サロンで2座のカブリオレとクーペが市販されました。

トラクタは1927年から1930年にかけてルマン24時間耐久レースに挑戦、28年にはクラス2位になり、29、30年にはクラス優勝を果たします。トラクタは1934まで存続し、後には1.5ℓの4シーターや、オチキスの6気筒3ℓエンジン付きもありました。トラクタの偉大さは自ら成功したスポーツカーであったことに留まりません。それはシトロエンの技術者たちを鼓舞して、かのトラクシオン・アヴァンを生ましめたことにもあるのです。実際トラクシオン・アヴァンのハーフシャフトの外側にはトラクタ・ジョイントが使用されており、グレゴワールが手を貸したことは間違いないでしょう。

もうひとつパリ郊外のサン・ドニやブローニュ・シェル・セーヌで造られた有名な軽量スポーツカーにアミルカー（アルミカーじゃないですよ！）があります。その最後の1938～39年にアミルカー・コンプウンドというクルマがありました。これが実はオチキス工場で造られた革新的なクルマで、その設計者が誰あろうグレゴワールだったんですね。驚くべきなのはトラクタ・パテントにより4気筒1185ccエンジンで前輪を駆動するんですが、フレームがアルパックスというアルミニウム製のトレータイプだったことです。アミルカー・コンプウンドは第二次大戦のため短命に終わりましたが、その思想は戦後の1946年にパナール初の小型車ディナに生かされます。ええあの空冷水平対向2気筒601ccのクルマですが、あれも実はグレゴワールのブレインチャイルドだったということになりますね。

いっぽうグレゴワールはオチキスにあって戦後のためのまったく新しい中型車を開発、そ

1947年のオチキス・グレゴワールのプロトタイプとJ-A.グレゴワール（右）。生産型セダンは4窓で、フェンダーラインがやや異なる。

〈フランス、パリより　1952年オチキス・グレゴワール〉

れが1952年にオチキス・グレゴワールとして結実します。それはアミルカー・コンプウンドの考え方をさらに推し進めた未来的なクルマで、前車軸の前に水冷の水平対向4気筒OHV、1994cc、64馬力のエンジンを搭載、前車軸の後ろのギアボックスを介して前輪を駆動します。水冷フラットフォアのFWDと言えばスバル1000やアルファスッドを思い浮かべるでしょうが、オチキス・グレゴワールはスバル1000に14年、アルファスッドに至っては実に20年も先駆けていたことになりますね。FWDにもかかわらずトラクションは強いし、またエンジンが完全に前車軸の前にあるので、シトロエンのトラクシオン・アヴァンと違ってホイールベースが不必要に長くならないのに客室がコンフォートゾーンに収まっています。

パワーパッケージ以上に革新的なシャシーで、サイドシルからスカットル、ウィンドシールドフレームまで一体のアルミニウムの鋳物でできていました。その結果、車重はゆったりした2ℓ級4ドア・セダンとしては異例の950kgに抑えられていました。同じ2ℓの11CV（フランスの課税馬）なのに、シトロエンの11CVが115km/h止まりだったのに、オチキス・グレゴワールは140km/hも出たといいます。これにはもちろん空気力学的なボディ形状もあずかっていることでしょうけれども。

ボディ構造と同様にユニークなのはサスペンションで、もちろん前後とも独立で、後ろはコイルスプリングで吊ったトレーリングアームでした。特に変わっているのは前輪懸架で、基本的に上下のウィッシュボーンによりますが、巨大なコイルスプリングがほとんど水平に付いていて、圧縮ではなく引っ張りに使うようになっているのです。こんなのほんとに見たことありません。そのうえ、このコイルスプリングのシャシー側支点を特殊なリンク

1952 Hotchkiss Grégoire

まさに理想主義的なパワーパック。前輪懸架はコイルスプリングを引っ張りに使っており、左右を関連させている。

によって結ぶことで関連懸架にしているのです。今となってはその詳細はわかりませんが、左右関連というのは隠居の知る限り後にも先にも例をみません。関連懸架という点のみに絞れば、1954年のパッカード、1959年のBMCミニに先駆けています。隠居はこんなふうに自分自身で考え、常識を打ち破ったクルマが大好きなんです。

オチキスは1950年以降プジョーの支配下にありましたが、1955年を限りに乗用車の生産から撤退しました。グレゴワールはその後オチキス・グレゴワールにスーパーチャージャーを取り付けて130馬力とし、アンリ・シャプロン製のモダンなオープン2シーターを着せたスポーツカーをグレゴワールの名で1960年代中頃まで少量生産しました。隠居の親友ジャンポール・キャロンは晩年のJ・A・グレゴワールと親交を結んでいましたが、数年前に彼が他界したと伝えてきました。その時は、溢れんばかりの才能をもったひとりの設計者が、自らの信じるままにユニークなクルマを生み出すひとつの時代が終わったとつくづく感じました。

上：ボディをモダナイズした1956年のグレゴワール・スポール。ステアリングを握るのはグレゴワール自身。

左：パナール・ディナにも通じるアルミニウムフレームと後輪懸架。

<フランス、パリより　1952年オチキス・グレゴワール>

第36話 フランス、パリより 1946年パナール・ディナ

お元気ですか？ 隠居はまだパリにおります。この手紙に記すクルマのお話は、あまりビッグネームではない、むしろひっそりとこの世に存在したようなクルマ、あるいは有名ブランドでも超の付く高級車や高性能車ではなく、平凡だけれども大衆に奉仕したようなクルマにたくさんスポットライトを当てることを旨としています。華の都パリにおりますのも、乗用車から撤退してから早くも40年あまりが過ぎ、すっかり忘れ去られた存在になっているクルマを訪ねるためです。そのクルマとはパナールです。シトロエン傘下に加わったのが1965年、そして24CTを最後に乗用車の生産を終えたのは1967年ですから、没後45年近くということになります。もっとも軍需産業に関与しているので工場は今もあり、有名な多重燃料の軍用車両を作っていますが。

ところでよくご存知のとおり、パリの街はペリフェリーク（周辺の、という意味）と呼ばれる周回高速道路に囲まれており、ほぼその内側がパリ市のテリトリーです。このペリフェリークはかつてパリ市を守っていた城壁の上に建設されたもので、城壁には郊外に通じる門がありました。郊外へ通じる道は今もそのままですから、ペリフェリークと交差する36カ所にはインターチェンジがあり、昔ながらの"ポルト・ド・○○○（○○○門）"という名称

———— 1946 Panhard Dyna

1942年にJ.A.グレゴワールが試作したAFG（アルミニウム・フランセ・グレゴワール）。ディナの直接の祖先。

パナールの歴史はきわめて古く、1886年にルネ・パナールとエミール・ルヴァソールが、創業者が亡くなった木工機械工場を買い取った時に遡ります。その後ルヴァソールの友人エデュアール・サラザンが、ドイツのダイムラーのガソリンエンジンのフランスでの製造権を取得しますが、サラザンは翌年急死します。その後サラザン未亡人とルヴァソールは恋に落ちて結婚、パナール・ルヴァソール工場がダイムラー・エンジンを生産することになります。後にはパナールの名前しか残りませんでしたが、実はパナール氏

がそのまま使われています。セーヌ川は南東の角からパリ市へ流れこみ、逆U字型に市内を流れて南西の角から市外に出ます。このセーヌ川がパリへ流れこむ南東の角にあるのがポルト・ディヴリ（イヴリ門）で、パナールの工場はここにあったのです。芸術の都パリに大自動車工場があったなどとは信じられないでしょうが、しかし歴史的にみれば昔の大都市は政治、経済、産業、芸術、教育などさまざまな要素を包含してそれ自体で完結していたのです。

上：1950年のディナ。最高速により100、110、120、130があった。

左：1946年パリ・サロンに出品された最初のパナール・ディナ。

161　＜フランス、パリより　1946年パナール・ディナ＞

は実業家で、技術者はルヴァソール氏のほうでした。P＆L社はプジョーにもダイムラー・パテントのエンジンを供給しますが、ルヴァソールは1890年にベンツ・ビクトリアに似た"ドサド"（背中合わせに座るの意）を設計します。これがP＆Lの第1号車です。

翌1891年、ルヴァソールは画期的なクルマを設計します。それは、それまで中央床下にあったVツインエンジンを、クランクシャフトが進行方向を向くように車体先端に置き、クラッチ→変速機と駆動系を縦に配置していました。それまでエンジンの上に座っていた人が、エンジンの後ろに座るようになったのです。縦の積み重ねを水平に展開したわけで、当然重心は下がり、コーナーを早く走れるようになりました。それに馬車からクルマに乗り換えた当時の人々は前に馬のいない喪失感を抱いていましたから、前に搭載したエンジンはそれを埋める心理的な効果もあわせもっていました。

ルヴァソールは自らこのクルマのステアリング（まだホイールではなくティラーです）を握って、1894年の史上初のモータースポーツイベント、パリ—ルーアン、1895年の史上初のレース、パリ—ボルドー—パリなどに大成功を収めます。以後クルマの主流はこのルヴァソールの方式を基本として発達していきます。しかしこの方式がシステム・パナールとして喧伝されたのは、ルヴァソール氏にはお気の毒でした。その後のP＆L車は高品質だがおとなしい実用車として発展していきます。静かさとスムーズさが取り柄のナイト式スリーブバルブを採用すると言えば、おおよそその性格がおわかりいただけるでしょう。

ところが第二次大戦後のパナールは1946年のパリ・サロンで"ディナ"を登場させることによって、革新的な小型車に大変身を遂げるのです。フランスでは戦争直

1946 Panhard Dyna

上：1950年ディナ・カブリオレ。
右：1950年ディナ・ベルリン・デクルバブル。

162

後にルノーが4CVを、シトロエンが2CVを出して小型車に力を入れますが、それと軌を一にしていると言えるでしょう。フランスは自動車の先進国ですが、実際に大衆の間に大々的な普及が始まったのは実は第二次大戦後のことなのです。パナール・ディナを発想し、開発したのは誰だと思いますか？　その人こそフランスにおける前輪駆動方式の偉大なキャンペイナーであり、アスリートとしても小説家としても一流であったJ‐A・グレゴワールです。彼はオチキスに続いて2度目の登場ですね。

第二次大戦中、グレゴワールはラルミニューム・フランセという会社の援助を受けて、来るべき平和の回復した時のための進歩的な小型車を開発していました。何が進歩的かと言えば、まずスカットルと一体化されたツインチューブ風のフレームから、ボディ外板まですべてアルミニウム製だったことです。そのため、ややクラシックな感じの4ドア・セダンはホイールベース2・12m、トレッド1・22m、全長3・58m、全幅1・44mとルノー4CVよりわずかながら大きかったのに、即走行可能な全備重量で550kgしかありませんでした（4CVは空車重量で570kgありました）。

グレゴワール設計ですからもちろんFWDで、先端に空冷水平対向2気筒OHVの610cc、24馬力／4000rpmエンジンをオーバーハングさせています。このエンジンがまたバルブスプリングをトーションバーとしており、ヘッドの上に垂直にトーションバーが突きだしています。サスペンションは前が上の横置きリーフと下のウィッシュボーンの独立で、後ろはトーションバーによる半独立ともいうべきユニークな方式です。最初のモデルはディナ100の名が示すように100km／hが可能でしたが、1950年には610ccのまま28馬力に強化、110km／hに性能向上したディナ110に進化、グリルも変わります。さらに

上：1951年ディナ・ブレーク。
左：1951年ディナ・タクシ。

〈フランス、パリより　1946年パナール・ディナ〉

746cc（4CV）、32馬力、120km/hのディナ120、851cc（5CV）、38馬力、130km/hのディナ130なども追加されます。この時4ドアで屋根が幌になったものや2ドアのカブリオレ、同ワゴン型のコメルシャル、4ドアのワゴン型タクシーなどのバリエーションも作られます。

はるかに生産台数の多いルノー4CVアフェールが45・8万フランの時、ディナ110は44・1万フランで販売されました。確かに水冷4気筒に対して空冷2気筒ですが、アルミのシャシー、ボディのコストははるかに高かったはずで、1台当たりの利幅は小さかったでしょう。そこで1953年のパリ・サロンではホイールベース2・75m、トレッド1・3/1・42m、全長4・75m、全幅1・6mと大型化して6人乗りのディナ54に発展させます。大幅に改良されてはいますが、個性的なメカニズムの基本はそのまま踏襲しています。エンジンは851cc（5CV）の42馬力で、車重が730kgと軽いのと、空気力学的なボディ形状で130km/hが出せました。ディナ54は66・9万フランとなり、ルノー5CVドーフィンの55・45万フランに対してリーズナブルな価格になりました。それでもコスト高に泣いたようで、1958年にはボディをオールスチールに改めます。

パナールには2座スポーツのディナ・ジュニオールというモデルもあり、自らもレース活動をしましたし、多くの小工場がそれをベースにしたクルマで大活躍しました。

——————————— 1946 Panhard Dyna

上：ディナ54のパワーパック。向こう側のシリンダーヘッドの上にトーショナル・バルブスプリングが突きだしているのが見える。

1954年ディナ54。

プロトタイプはウィンドシールドが前に倒せるロードスターであった。サイドモールディングも後の生産型にはない。

第37話 フランス、パリより 1951年 パナール・ディナ・ジュニオール

ディナから派生したディナ・ジュニオールについてお話したいと思います。第二次大戦前のパナールは2.5ℓ、2.6ℓ、3.8ℓなどの直列6気筒スリーブバルブ・エンジンを持つ、かなり大型で高級なクルマでした。しかしフランスは戦後経済的な小型大衆車の普及を促すために、政策的に高率の税金を大排気量車に課し、パナールも小型車へと転換を図りました。

ルノーは4CVや5CV"ドーフィン"に力を注ぎましたし、シトロエンは2CVを出しましたね。そしてパナールもJ-A・グレゴワールが1942年に設計した空冷フラットツイン・エンジンで前輪を駆動する小型軽量車AFC（アルミニウム・フランセーズ・グレゴワール）のプロトタイプに注目します。それをひと回り大きい4ドア・サルーンにして1946年に発表したのが、すなわち"ディナ"というわけ

――1951 Panhard Dyna Junior

1952〜53年の最初のディナ・ジュニオールは固定ウィンドシールドのカブリオレになった。驚くべき低さがこの写真からもわかるだろう。ホイールとブレーキドラムが一体で、タイヤ交換ではリムだけが外れるデタッチャブル・リム方式だ。

165　〈フランス、パリより　1951年パナール・ディナ・ジュニオール〉

です。ここまでが前回のお話でした。ディナはアルミニウムのモノコックボディを持つ4ドア・サルーンでしたが、1950年代に入る頃、それをベースにしたウルトラ・ライトウェイト・スポーツカーの企画が持ち上がり、結局それが1951年の〝ディナ・ジュニオール〟として結実します。

まずは写真をご覧ください。街工場で手叩きの鈑金で作ったような簡素なボディですね。どのくらい売れるのかわからないから、可能な限り簡単な設計で作ろうとしたのでしょう。視点によってはひどく不格好に見えることもある、伏せたお椀のようなボディですが、しかし一種独特の魅力をもつデザインではあります。ディナは前後のフェンダーの独立した昔風のスタイリングですが、ジュニオールはフラッシュサイドで、それ以上に英語で言うところの〝all enveloping design〟です。

それにはひとつの秘密があるのです。すなわちジュニオールは通常オープン2シーターと考えられがちですが、実は必要に応じてベンチシートに横に3人座れるように設計されているのです。面白いことにパナールは横3人掛けが好きだったようで、戦前の大型の〝ディナミーク〟では前席3人掛けにしていました。しかも後席にステアリングホイールを中央に備えた、いわゆるセンターステアリングでした。さらに後席に横4人座って、2列シートで計7人乗っている宣伝画が残されています！

ホイールベース2・12m、トレッド1・22mはサルーンのままですが、シートが1列で、しかもステアリングやシフトレバー位置が決まっているので、すべてが前寄りにあり、ボディは後輪の後でストンと終わっています。そのため全幅に対して全長の異常に短い独特のプロ

1951 Panhard Dyna Junior

1953〜54年の後期型ディナ・パナール。前開きドアの後方ヒンジはコンシールドになった。

ポーションをしています。トランクリッドはなく、シートバックを前へ倒してトランクに荷物を出し入れしました。日本ならさしずめもう1列シートを付けるところでしょうね。

オープン・ボディですからモノコックというわけにはいかず、2本のボックスセクションのサイドレールを鋼管で結んだセパレートフレームを持ちます。エンジンはディナの空冷水平対向2気筒OHVで、有名なトーションバーのバルブスプリングを持ちます。4CVの746ccですが、ダブルチョーク・キャブレターで38馬力にチューンされています。しかしサルーンより100kg重い、660kgあったので、最高速度は125km/hと後のスプリジェット級でした。サスペンションはサルーンのままで、フロントは上下の横置きリーフスプリングにダブルウィッシュボーンの役目を負わせた独立、後ろは横置きトーションバーによる半独立です。もちろん前輪駆動で、最初のディナは4段のクラッシュボックスでしたが、この頃にはシンクロナイズされていました。シフトレバーはシトロエン風にダッシュボードから生えています。

最初のジュニオールはサルーンと同じフラットツイン・エンジンを象徴するグリルを付けていましたが、1953年からは中央の膨らんだ横1本棒のシンプルなものになります。同時にエンジンも5CVの851cc、40〜42馬力になり、マキシマムは130km/hに向上しました。なかにはごく一部スーパーチャージャー付きもあり、60馬力で145km/h出たと言います。ディナ・ジュニオールのボディがあまりに粗末に見えた反面、性能には一目置かれたようで、フランス内外の小工場がそのシャシーに独自のボディを着せて販売しました。なかでも西ドイツのヴェリタス（Veritas）ですから正しくはフェリタスでしょう）はバウアーのより自動車らしいボディを着せてディナ・ヴェリタスの名で販売しました。このことは日

上：鼻先のほうが尻尾より長い独特のプロポーション。

右：後期型の後姿。トランクリッドはない。

〈フランス、パリより　1951年パナール・ディナ・ジュニオール〉

本ではあまり知られていません。ヴェリタスはBMWの6気筒2ℓエンジンを用いてかなり本格的なスポーツカーを作った会社としてオールドファンには記憶されているはずです。もちろん地元フランスにはDB（ドイッシュ・ボネ）という有名なクルマがありましたよね。

ところでディナ・ジュニオールにはパナール自身によりさまざまなレーシングモデルが作られ、ルマン24時間レースに挑戦しました。その結果インデックス・オブ・パフォーマンス（性能指数賞）では1950、51、52、53、63年と1位を獲得しています。性能指数賞とは排気量ごとにあらかじめ決められた距離とそのクルマの実走行距離との比例で順位を決定する特別の賞です。小排気量の多いフランス車に有利な賞ではありますが、それでもなお立派な成績と言えるでしょう。

ところでこのパナール・ディナ・ジュニオール、生産台数はごく限られていたと思われますが、どこをどう紛れ込んだのか、少なくとも5台がこの日本の路上を走っていました。自動車趣味の大先輩である五十嵐平達さんはその証拠写真を残されています。戦後間もない、外貨事情が極端に悪化する以前には、「えっ？こんなクルマが」というような珍車、奇車が入っていたのです。

1951 Panhard Dyna Junior

上：最後のディナ・ジュニオールの広告。注文によりスーパーチャージャー付きの60馬力、145km/hにできる、とある。

左：西ドイツ版のディナ・ヴェリタス。

〈フランス、1951～1953年パナール・ディナ・ジュニオール〉

168

第5章
イタリアからの便り

第38話 イタリア、モデナより
1947年 フェラーリ125

今私がいるのは、イタリア、モデナ市近郊のマラネロという村です。言うまでもなく、イタリアの誇るスーパーカー、レーシングカーのフェラーリの本社工場の所在地です。近くのモデナは、北イタリアの中核都市でイタリア第二の大都会ミラノから、アウトストラーダ・デル・ソーレで東南東に160kmの地点にあり、さらに35km先には最古の大学をもち、マセラティのふるさとでもあるボローニャがあります。人口200万に近いミラノ、50万に近いボローニャに対して、モデナは20万に届かないこぢんまりとした静かな町で、周囲はどこまでも続く畑です。古くから農業機械の製造などで知られますが、ガストノミストにはイタリア独特のお酢バルサミコや微発泡ワインのランブルスコの名産地として知られます。

このモデナの郊外で、1898年に生まれたのが、エンツォ・フェラーリで、終生この地を愛し、この地で名車フェラーリを生むのです。クルマ好きにとっては、今やフェラーリはダヴィンチやミケロッティの絵画や彫刻、ヴェルディのオペラにも匹敵するイタリアの至宝と言っても過言ではないでしょう。エンツォの父は建材や橋の鉄骨を作る鉄工場の主で、この辺りでは最も早くクルマを所有していたひとりでした。父は幼いエンツォや兄アルフレディーノをクルマに乗せてボローニャの自動車レースの見物に連れて行ったといいます。幼

1947 Ferrari 125

上：エンツォ・フェラーリ。1970年代のポートレート。

左：ヴィットリオ・ヤーノと彼のアルファ・ロメオでの最初の作品、"P2"。

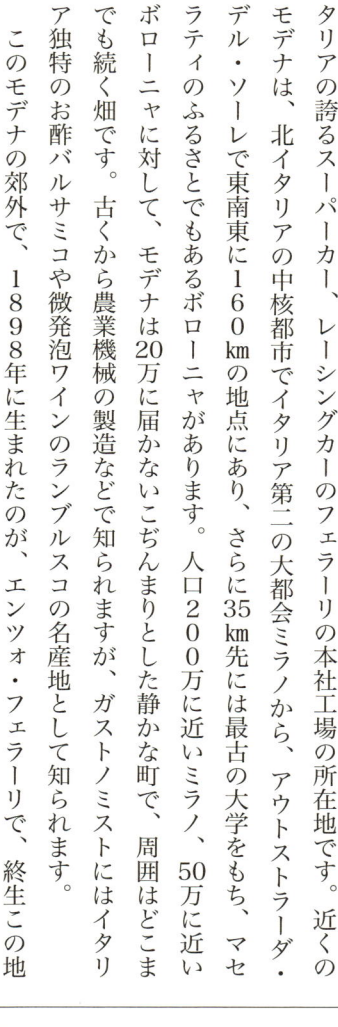

170

い日のエンツォの夢はオペラ歌手かスポーツライター、あるいはレーシング・ドライバーになることだったといいます。もしエンツォがオペラ界に進出していたら、カルーソーやデル・モナコや、はたまたパヴァロッティのような大歌手になっていたでしょうか？

第一次大戦中の1916年、エンツォは父と最愛の兄アルフレディーノを失います。自立を迫られた彼は軍隊を志願しますが、体調を崩して除隊になります。失業中のエンツォはたまたまミラノのバールでCMN車のテスト・ドライバーのウーゴ・シヴォッチと出会います。誘われるままにシヴォッチの助手となった彼は、CMNがレースに参戦するとそのドライバーに抜擢され、1919年のタルガ・フローリオでは9位、パルマ・ポッシオ・ディ・バルケートのヒルクライムでは3位となかなかの好成績をあげます。そのためエンツォは何の努力もしないでレーシング・ドライバーになったと言われています。

CMN車の将来に疑問を抱いたエンツォは1920年躍進著しいアルファ・ロメオのチームに移籍し、シヴォッチも彼に従います。その頃のアルファ・ロメオにはカンパーリやアスカーリ、シヴォッチ、マゼッティ、ブリーリ・ペッリ、さらに後にはヌヴォラーリ、ヴァルツィらの錚々たるドライバーたちが在籍したので、エンツォの活躍の場は限られました。それでも1923年にラヴェンナで開かれた第1回サヴィオ・サーキット・レースにRLタルガ・フローリオで優勝します。

そこに居合わせたのが、第一次世界大戦中に34もの敵機を撃墜し、自らも命を絶ったイタリア空軍の英雄、フランチェスコ・バラッカ伯の父母でした。感激した両親はエンツォに息子の飛行隊のマーキングを贈ったと言います。その図柄をややシンプルにしたのが、後のフェラーリのカヴァリーノ・ランパンテ（プランシング・ホース）

右頁：1948年の最初のフェラーリ・ティーポ125。ランプレーディ設計のV12、SOHC、1.5ℓ。

左：ティーポ125はスーパーチャージャー付きで当時の4.5ℓ F1に走ることができた。

＜イタリア、モデナより　1947年フェラーリ125＞

のエンブレムです。しかしピニンファリーナの自伝によれば、エンツォの兄アルフレディーノもバラッカと同じ隊に所属していたといいますから、兄を追悼するためでもあったのでしょう。後に長男をアルフレディーノ（その愛称がディーノ）と名付けたことでもわかるとおり、エンツォはこよなく兄を慕っていたのです。

エンツォは次第にレースで操縦するよりも、そのマネジメントに興味を移していきます。1923年のモンツァで行なわれたヨーロッパGP前日、シヴォッチは新しいグランプリカー、P1のテスト中、同車の操縦性の欠陥のために事故死してしまいます。親友の死を悲しんだエンツォは、フィアットに素晴らしいレーシングカー設計者がいると聞くと、トリノのアパートにヴィットリオ・ヤーノを訪ね、地元を離れたがらないピエモンテーゼのヤーノを無理矢理口説いてミラノに連れてきます。ヤーノがほんの数カ月で造りあげたP2は、1924年以降のグランプリレースを席巻し、その活躍は1930年過ぎにまで及びます。ヤーノはその後もティーポB P3や8C 2300モンザ、ティーポC（8C 1935、12C 1936）などのグランプリカー、6C 1750、8C 2300、6C 2300、8C 2900、6C 2500などのスポーツカーを次々と生み、アルファ・ロメオの黄金期を現出させます。

しかし大衆車の量産を行なわず、レースを第一義とするアルファ・ロメオの経営は常に容易ではなく、政治情勢も背景に1933年にはIRI（政府管掌の産業復興財団）に加わって、事実上国有化されるほどでした。レース活動が危ういと見たエンツォはモデナにスクデリア・フェラーリを設立、クルマづくりはヤーノに任せてレース活動の一切を引き受けます。以後、アルファ・ロメオのファク

1947 Ferrari 125

1949年のルマンに初優勝したキネッティとセルズドンのティーポ166MMトゥーリング・バルケッタ。キネッティは後にアメリカでのフェラーリ・インポーターとなる。

172

第二次大戦中のフェラーリはモデナで航空エンジンの部品生産などに従事しました。

第二次大戦後のエンツォはいよいよ宿願の、自身の名を冠したクルマづくりに着手します。

彼は1938年のティーポ158アルフェッタを完成します。エンツォは若き日に乗ったパッカードV12のスムーズさとトルクの強さが忘れられず、コロンボにV12エンジンの開発を命じ、それがいわばフェラーリのトレードマークになりました。125というモデル名は、1・5ℓを12で割った1気筒の排気量（cc）を表させます。基本的にはスポーツカーですが、過給機を備えて当時のグランプリレースで走ることを想定していました。125には2ℓの166インテル、2·3ℓの195スポルト、2·5ℓの212インテルとスポルトなどが続きます。

中でも166は1948年のタルガ・フローリオとミッレミリア、1949年のルマンなどのスポーツカーレースに総合優勝し、その後の快進撃の緒につきました。一方スポーツカー・シャシーにはトゥリング、ヴィニャーレ、ギア、ピニンファリーナなどのカロッツェリアにより一品製作の美しいボディが着せられ、待ち焦がれる世界の富豪や王侯のスポーツマンの許へと送られていきました。

少々喉が渇きましたね。フェラーリの向かいのリストランテ・カヴァリーノで跳ね馬印のランブルスコで乾杯しましょうか！

フェラーリの最高傑作のひとつ、1961年ティーポ250SWBピニンファリーナ。

173　＜イタリア、モデナより　1947年フェラーリ125＞

第39話 イタリア、ミラノより 1950年アルファ・ロメオ1900

お元気で、モータリングライフを楽しまれていることと思います。隠居は今、もっとエキサイティングなクルマの話を求めて、イタリアは北部ロンバルディア州の州都ミラノ市におります。

ミラノと言えばお隣のピエモンテ州の州都トリノ市に次ぐ"イタリアのデトロイト"です。第二次大戦後復活を期したが果たせなかった"イタリアのロールス・ロイス"とも言うべき"イソッタ・フラスキーニ"もここにあったし、カロッツェリアのツーリングやザガートの地でもあります。しかし何と言ってもミラノといえばアルファ・ロメオでしょう。とにかくアルファ・ロメオのエンブレムはミラノに因むふたつの紋章を組み合わせたものなんですから。左半分の白地に赤い十字は、第一次十字軍遠征の際エルサレムの壁を最初に登り、赤い十字の旗を立てたミラノ出身の英雄ジョヴァンニ・ダ・ロ (Rho) を表すと言います。右半分の人を飲み込まんとする四つ折れの蛇は、ミラノの名門ビスコンティ家の紋章です。同家の始祖、オットーネ・ビスコンティが第一次十字軍遠征の際サラセンの兵士を一騎打ちで破った時に持っていた盾に描かれていた紋章とされています。『ベニスに死す』などの名作で知られる映画監督のルキーノ・ビスコンティは、同家の出身です。ミラノの名所の第一

———— 1950 Alfa Romeo 1900

1950年1900ベルリーナ（1954年にスーパーが出てからはノルマーレと呼ばれるようになる）。

174

番はドゥオモで、二番めはスフォルチェスコ城でしょうが、その内庭に面した壁面にはタイルでこの紋章が大きく描かれています。

残念ながら、この手紙に同社にアルファ・ロメオの歴史について書く余裕はまったくありませんので、第二次大戦後に同社が断行した経営方針の一大転換についてお話しましょう。大戦までアルファ・ロメオは、ちょうど戦後のフェラーリのように、グランプリ、スポーツカーの両分野のレースを第一義とし、そのための資金を得るためにレースの経験を生かした高性能、高価格のクルマを少数生産する会社でした。実はこの言い方は逆で、かつてアルファ・ロメオのレーシングマネジャー役だったエンツォ・フェラーリが、古巣の経営方針をそっくり受け継いだのです。

その新しい経営方針が同クラスのフィアットより5割ほど高価な中級の高性能中・小型車を中規模に量産するというものでした。そしてその第一号が1950年に発表された1900なのです。エンジンはツインカムで吸排気バルブの挟み角90度とヴィットリオ・ヤーノが定めたアルファのスポーツカー・エンジンの掟に従っていますが、1927年以来、実に23年ぶりの4気筒でした。ボディは近代的なフルウィズ、3ボックスのモノコックですが、後輪懸架はトーションバーによるスウィングアクスルの独立から、コイルと3つのリンクで吊ったリジッドになり、前輪独立懸架もポルシェ・ライセンスのダブルトレーリングアームから一般的なダブルウィッシュボーンになるほど、大幅なコストダウンが図られました。4段フルシンクロ・ギアボックスのシフトレバーがステアリングコラムにあるのは、アメリカ車の悪しき影響と言えるでしょう。

最初の1900は1884cc、90馬力で、モノコックのゆえに1100kgと軽いのとボディ

ツートーンに塗り分けられた最終期のベルリーナ。

175　＜イタリア、ミラノより　1950年アルファ・ロメオ1900＞

が空力的であったのと相まって150km／hが可能でした。1953年にはエンジンを1975ccに拡大、160km／hまで出る1900スーパーに発展します。最初の1900は231万リラでしたが、1900スーパーは量産が進んだ結果、195万リラまで下がりました。最後のクラシック・アルファと言える6C2500スポルト"フレッチャ・ドーロ（黄金の矢）"が320万リラでしたから、30〜40％も安価だったことになります。

1947〜52年に造られたフレッチャ・ドーロがわずか680台だったのに対し、1950〜58年に生産された1900ノルマーレとスーパーは1万7243台に上ります。1900によりアルファ・ロメオは中規模量産メーカーへの脱皮に成功したのです。隠居の知る限り、他社に買収されたりいったん倒産して再建されたものを別として、営業を継続しながらこれほどの短期間で、これほどの大転換に成功した自動車会社は例を見ません。そしてその新しい方向をいっそう鮮明にするのが、この大英断を下さなければ、1954年発売の1290ccのジュリエッタによっていっそう鮮明になるのです。この大英断を下さなければ、アルファ・ロメオもブガッティやドラージュ、ドラエ、イスパノ・スイザ、イソッタ・フラスキーニ、ラゴンダ、アルヴィスといった多くの名車たちと同じ轍を踏み、今日の自動車界にその名を見ることはなかったでしょう。

1950 Alfa Romeo 1900

上：1954年1900スーパー・スプリント（トゥリング・ボディのクーペ）。

左：1951年1900スプリント（ピニンファリーナ・ボディのカブリオレ）。

176

なお1900にはファクトリーボディのベルリーナのほかに、ホイールベースを2・63mから2・5mに短縮したカロッツェリア用のシャシーも造られました。エンジンもダブルチョーク・キャブレターで強化され、1951～53年の1884cc時代が100馬力、1954～58年の1975cc時代が110馬力となり、その結果マキシマムは180km/hに向上しました。1884cc型は1900スプリント、1975cc型は1900スーパー・スプリントと呼ばれ、多くのカロッツェリアに供給され、美しいボディが着せられました。なかでも地元ミラノのカロッツェリア、スーパーレッジェラ・トゥリングのクーペと、トリノのピニンファリーナのカブリオレは準量産のスポーツモデルとしてカタログに載り、好評を博しました。また100馬力と110馬力のエンジンはファクトリーボディのベルリーナにも搭載され、それぞれ170km／hの1900TIと180km／hの1900TIスーパーとなりました。成功した1900系は、1958年にいっそうモダナイズされて2000に発展、さらに1962年には2気筒ふやして2584ccとした2600になり1968年まで命脈を保ちました。

今日のアルファ・ロメオの基礎を築いた1900について述べました。さて次はどんなクルマを発掘しましょうか……?

上：1957年1900プリマヴェーラ（最終期のファクトリーボディの2ドア・ハードトップ）。

上：1953年1900スプリント（トリノのカロッツェリア・ベルトーネによるクーペ）。

177 ＜イタリア、ミラノより　1950年アルファ・ロメオ1900＞

第40話 イタリア、ミラノより 1954年イソ・イセッタ

ご機嫌いかがですか？ 隠居は今、北イタリアはロンバルディア州の州都ミラノにおります。イタリアはヨーロッパ大陸から長靴の形をして地中海に突き出した、南北に長い大きな半島です。古代ローマ帝国は全ヨーロッパを制圧し、またルネッサンスはフィレンツェから興りました。しかし北でアルプスに遮られているために、近代の機械文明にはやや乗り遅れ気味で、どちらかといえば貧しい農業国のイメージがありました。

しかしそのイタリアにも、19世紀から20世紀への変わり目頃には、アルプスを越えて機械文明が入ってきます。特にロンバルディアのミラノと西隣のピエモンテ州の州都トリノは逸早く工業化が進み、80kmしか離れていないミラノとトリノは互いによきライバルとして発展していきます。自動車産業にしても、トリノにはゴッドファーザーともいうべきフィアットとランチアが、ミラノにはアルファ・ロメオが所在します。カロッツェリアでもトリノにはピニンファリーナやベルトーネ、ギアがあり、対するミラノにはトゥリングやザガートがあるという具合です。前置きが長くなりましたが、隠居がミラノにやってきたのは、この街で生まれた

1954 Iso Isetta

上：前方の大きなドアを開けて人を呑みこむイソ・イセッタ。

左：1953年イソ・イセッタ。ルーフはキャンバスで折りたためた。

イセッタの話をしようと思ったからです。ミラノのブレッソという所にあったISOは、古いことはわかりませんが、第二次大戦後にスクーターやモーターサイクルを作りはじめます。終戦から10年もすると、イタリアの大衆もスクーターよりも安定がよく、風雨にも煩わされない乗り物が欲しいと考えるようになります。それに応えてイソが1953年に発表したのがイセッタです。ドイツではキャビン付きのスクーターという意味でカビネンローラーなんて呼びますが、プラスチックやガラスのキャビンが多かったことの連想から、一般にバブルカーと呼ぶことが多かったようです。その先陣を切った1台がイセッタですが、1953年といえば西ドイツでもプラスチックドームを持つメッサーシュミットが生まれており、この辺がバブルカーのはしりでした。

イセッタは並列2座なので、ホイールベース1500㎜、全長2270㎜しかありません。まだこの時代に駐車難はなかったとは思いますが、でっかいアメ車が縦列駐車しているわずかな隙間に歩道に直角に頭から突っこんでも、尻尾がちょっとはみ出る程度です。そのためかあらぬかふつうの側面にドアはなく、前面のドアが左をヒンジにガバッと開き、直接歩道から乗り降りできます。ステアリングホイール（もちろん左）はドア側にヒンジされていて、コラムはジョイントによって立ち上がって乗り降りを容易にします。幅は1375㎜ですから、小型車1台分のスペースに2台がゆったりと止められるわけで、ある意味では現代にこそ存在すべきクルマといえるかもしれません。

ボディは鋼管を溶接で組み上げたケージ状のもので、その構成は6本のピラーからも窺い知ることができます。前面に大きなドアを付けることができたのも、この独特のボディフレームのお陰でしょう。

右：フランス版のヴェラム・イセッタ。ドアやフロントフェンダー、ヘッドライト、バンパーが異なり、かなりすっきりしている。後姿もイソとはかなり異なる。

〈イタリア、ミラノより　1954年イソ・イセッタ〉

サスペンションは前がコイルスプリングによるデュボネ式の独立で、前輪のトレッドは1200mmあります。これに対して後ろのトレッドは500mmしかありません。これはいうまでもなくデフを省略するためで、後2輪はチェーンで駆動します。このチェーンケースがサスペンションのトレーリングアームを兼ねます。このあたりはまさしくスクーター的ですね。タイヤが4・50－10というのもスクーターより1インチほど太いだけです。エンジンは右座席の後ろにあり、左座席の後ろは荷物スペースになっていますが、ここに子供ひとり乗せることができたようで、当時のイタリアの資料には2～3座と書いたものも見られます。

スクーター的といえば、エンジンもまさにスクーター的で、空冷の2ストローク、198ccです。このエンジンは2ストローク特有のダブルピストンという形で、シリンダーは2本でピストンもふたつありますが、コンロッドはY字型をしていてひとつのクランクにつながっています。したがってわずかなズレは生じますが、ピストンはほぼ同時に上下します。

そのうえ、ふたつのシリンダーは上部で逆U字形につながっています。「なんでそんなことするの、シリンダーもピストンもひと組でいいじゃん」と思われるでしょうね？

そこなんです。ふつうの2ストロークエンジンではシリンダーの下方に向き合ってふたつのポート（穴）が開いていて、ピストンが下死点に達すると一方のポートから燃焼済みのガスが排出されます。そのためどうしても排気が完全に行なわれずシリンダー内に燃え残りのガスがあって燃焼効率を低下させます。ところがイセッタにも使われているダブルピストンでは、一方のシリンダーに吸気ポート、もう一方のシリンダーに逆U字形に一方向になり、排気がより完全になると考えられたのです。スクーターやバイ

1954 Iso Isetta

1957年のパリ・サロンで発表されたヴェラム・レクラン（宝石箱の意）。かなりモダーンになった。

クでは稀に見られた方式で、1気筒ダブルピストンというのが正しい呼び方です。イセッタでは4750rpmで9.5馬力を発生、310kgしかない車重を4段ギアボックスで85km/hまで引っ張り、1ℓ当たり30kmも走りました。当時のイタリアでの価格は45万リラで、フィアット500Cの68・5万リラのちょうど2/3でしたが、その頃の人々にはイセッタのもつ真の意味が理解できなかったのでしょう。生産は500Cに遥かに及ばず、1956年に例をとれば年産4886台にすぎませんでした。

しかしイセッタは、フランスではヴェラム（Velam）が、西ドイツではBMWがライセンス生産しました。ヴェラムは基本的にイセッタのままのメカニズムをもちますが、デザインはいかにもフランスらしくちょっと洒落ています。しかし1957年に例をとれば年産1005台と、たいしたことはありませんでした。これに対してBMWイセッタは同社のモーターサイクル、R25の4ストローク単気筒245ccエンジンを12馬力／5800rpmにデチューンして搭載しており、後に298cc、13馬力／5200rpmの300も作られます。生産量は膨大で、1962年の生産終了までに実に16万台にも達しました。

今、このイセッタのアイデアを活かしてシティカーを作ったら面白いんじゃないでしょうか？　もっとも正面衝突にはまったく無防備ですから、なんとかしなけりゃなりませんがね！

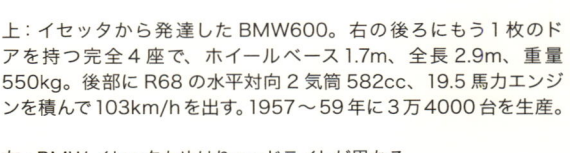

上：イセッタから発達したBMW600。右の後ろにもう1枚のドアを持つ完全4座で、ホイールベース1.7m、全長2.9m、重量550kg。後部にR68の水平対向2気筒582cc、19.5馬力エンジンを積んで103km/hを出す。1957〜59年に3万4000台を生産。

左：BMWイセッタもやはりヘッドライトが異なる。

第41話 イタリア、トリノより 1954年シアタ

今隠居はイタリアはトリノにおります。メンデルスゾーンの交響曲「イタリア」やチャイコフスキーの「イタリア奇想曲」に乗せられて、イタリアなら暖かいだろうとやってきたのですが、南はともかく北イタリアは案外寒いのです。冬はここトリノからもフランス国境のアルプスの山々が真っ白に見えるんですから。トリノはピエモンテ（山麓）州の州都で、人口110万余のイタリアでも有数の大都会です。ドーラ・リパーリア川とポー川が合流する地点に開けた街で、1861年にイタリア統一を達成したサルデーニャ王国の首都で、ローマに移るまで暫くはイタリアの首都でした。ええ、統一されてイタリアという国が生まれてから、まだ150年しか経っていないのです。ですから、それまでのイタリアはコムーネと呼ばれる自由都市が割拠していたんです。

トリノはもともと農業地帯でしたが、19世紀末にドーラ・リパーリア川に大規模な水力発電所が建設され、1899年にフィアットが設立されてから急速に工業化が進み、人口が流入して70万から117万になったといいます。ピエモンテとその東隣りのロンバルディア（州都ミラノ）、その南に隣接するエミリア・ロマーニャ（州都ボローニャ、モデナもここにある）の3州にイタリアの工業が集中しており、所得水準もイタリア20州のうち最も高いそ

1954 Siata

1950年シアタ"アミカ"。

うです。

トリノはイタリア自動車界の盟主フィアットの本拠地だけに、無数の関連産業が集中し、デトロイト、コヴェントリーと並ぶ〝モータウン〟になっています。自動車メーカーではアルファ・ロメオがミラノ、フェラーリとマセラティがモデナ、ランボルギーニがボローニャ近郊にあり、カロッツェリアではトゥリングとザガートがミラノにあったほかは、すべてのメーカー、カロッツェリアがトリノとその周辺に集中しています。イタリアの特徴として、フィアットの小型大衆車シャシーをモディファイして軽スポーツカーを造る小メーカーが無数にあったことはご存知でしょう。なかでも最も際立ったのがGT時代のワールド・マニファクチャラーズ・チャンピオンシップを取ったアバルトですよね。

アバルトとまではいかなくてもチシタリアがあり、シアタがあり、モレッティがあり、オスカがあり、ナルディがあり、スタンゲリーニがあり……、と挙げたらきりがないほどです。

こうした小メーカーが存在し得たのは寛大な〝ゴッドファーザー〟のフィアットが、シャシーやエンジンなどのコンポーネンツをわけ与えたからですが、同時にトリノに無数の部品・用品メーカーや工作の協力工場が存在したからでもありましょう。もうひとつ忘れてならないのはカロッツェリアの存在です。スペシャリストたちは純粋に技術的に速いシャシーを作ることに専念すれば、トリノに星の数ほどあったカロッツェリアが、それに相応しいボディをたった1台だけでも作ってくれたのですからね。

そうしたトリノの小規模スペシャリストの中から、シアタをご紹介しようと思います。実はSiataはSocieta Italiana Auto Trasformazioni Accessori S.p.A.の略と、Societa Italiana Applicazione Trasformazioni Automobiliの略とする2説があります。どっちに

1951年シアタ "1400ラリー"。

183　＜イタリア、トリノより　1954年シアタ＞

しても既成の量産車をチューンしたり、カスタマイズする会社というニュアンスでしょうね。創立は意外と古く、1926年まで遡ります。初めから主としてフィアットのチューンや改装を手掛けており、例えば1933年にはストックで22馬力のバリッラから48馬力と実に倍以上の出力を引き出しています。さらに1936年にはフィアット500トポリーノのSVエンジンをOHV化するキットを売り出して大成功を収めています。財布の軽い若者たちが、隣を行く同じトポリーノより1km/hでも速く走りたいがゆえに殺到したさまが目に浮かびますね。

このシアタの最初の"完成車"は1949年に発表、翌年少量生産に入ったフルウィズの小型オープン2シーター"アミカ"です。自作の鋼管フレームにフィアット500B/Cのコンポーネンツを組み付けたもので、ストックの22馬力のほかに3ベアリングの750cc25馬力に強化したシアタ・エンジンも載せられました。1950年以降、シアタはフィアット1400のコンポーネンツを用いたスポーツカーを製品の中心に据えています。例えば1951年には"1400ラリー"を出しますが、そのボディはまことに奇妙なことにMG―TDをちょっとモダーンにしたような英国風のものでした。この頃のシアタはフィアット・エンジンのほか、アメリカ製のエンジンにも興味を示しており、1952年には721ccのクロスレーから、クライスラーのヘミV8までを起用しています。おそらくアメリカ市場を狙ったものでしょうが、アラードやナッシュ・ヒーレー、後のACのようには巧くいかなかったようです。

1950年代中頃の主力はフィアット1400ベースの"1400グラン・スポルト"と"ダイナ"で、前者はオリジナルの1395cc、4気筒OHVエンジンを45馬力から63馬力

―1954 Siata

1952年シアタ "208S"（ヴィニャーレ）。

184

に強化して搭載していますが、ダイナではストロークを延ばした1480cc、75馬力としています。カロッツェリアによるボディはオープン2シーターから2+2クーペまで年により各種ありましたが、最高速度は1400GSで145km/h、ダイナで160km/hまで出たと言われます。価格はスパイダーに例をとれば1400GSが177.5万リラ、ダイナが220万リラでした。標準のフィアット1400セダンが135万リラですから、思ったほど高価ではなかったんですね。

なお、シアタは1952年に"208S"という2ℓV8のスーパースポーツを数台作っています。これは結局量産されなかったフィアットV8の1996cc、110馬力OHVエンジンを流用したもので、同じ200km/hを謳っていました。フィアットが4輪独立懸架だったのに対し、208Sの後ろはリジッドだったと言いますから、シャシーは自製だったのかも知れませんね。ヴィニャーレ・ボディで、アメリカで6000ドルで売ろうとしたようですが、これは成功しなかったようです。

このほかシアタにはさまざまなモデルがありましたが、今回は1950年代前半の何台かをご紹介するに止めます。それにしてもイタリアの文化とも言えるシアタのようなスペシャリストがすっかり姿を消してしまったのは、本当に寂しい限りですね。

上：1954年シアタ"ダイナ"クーペ（ベルトーネ）。

右：1954年シアタ"ダイナ"スパイダー。

第42話 イタリア、トリノより
1953年フィアット・ヌオーヴァ1100

こんにちは。引き続きイタリアは北西部ピエモンテ州の都、トリノにいます。今はオリンピック冬季大会の熱気もすっかり冷めて、ポー河を縁取る木々が風にざわめくほかは、静かなたたずまいに戻っています。長靴に喩えられるイタリア半島は、長靴の上縁、すなわち北でフランス、スイス、オーストリアなどに接しており、峻険なアルプスが国境を画しています。古代ローマ帝国はアルプスを越えて全ヨーロッパに足跡を印しましたが、アルプスが人や物、文化などの交流の障壁になっていたことは事実で、イタリアは常に"ヨーロッパの田舎"と言われてきました。ヨーロッパ大陸の文明は大・小のサン・ベルナール峠やシンプロン峠などを越えてイタリアにもたらされました。特に19世紀の機械文明は北からやってきましたから、イタリアの工業化は北から始まり、結果としてイタリアの経済は北高南低になったのです。その北イタリアの工業化の中心が、中部ロンバルディア州の州都ミラノと、西部のトリノだったのです。

19世紀も終わりに近くなると、イタリアにも主にフランスから自動車が入ってきました。ジョヴァンニ・アニエッリやカルロ・ビスカレッティ・ディ・ルッフィア伯、ディ・ブリケラジオらのトリノの貴顕紳士9人は、充分な資金的基盤に立って確固たる決意を持って

1953 Fiat Nuova 1100
1953年ヌオーヴァ1100の最初のモデル。

186

自動車会社を興そうと語り合います。その結果、1899年に設立されたのが、Fabbrica Italiana Automobili Torinoで、そのイニシャルを綴ってFIATと呼ばれるようになりました。"イタリア自動車製造・トリノ"というんですから、ずいぶんと威張った名前ですし、事実フィアットは自信に満ちてイタリア自動車産業の王道を歩んできました。下は1ℓクラスの大衆車から上はローマ法皇の御料車に使われたV12、6.8ℓの超高級車まで、あらゆる階層のためのクルマを生産し、1910年代から20年代にかけてはグランプリ・レースにも大活躍しました。1903年には商用車、1905年にはベアリングと造船、1908年には航空エンジン、1910年には船舶用エンジン、1915年に航空機と鉄道車両……と次々と経営の多角化を進めていきました。

しかし主力は常に大衆のための小型経済車で、1913年の1.8ℓのティーポ51、1919年の1.5ℓのティーポ501と、次々に小型化していきます。1925年の1ℓ4輪ブレーキ付きのティーポ509は、1929年までの間に9万台も生産します。イタリア全体の自動車登録が17万2000台という頃の話で、509がいかに成功したかがおわかりでしょう。さらに1932年には4気筒3ベアリングの1ℓエンジンとシンクロメッシュの4段ギアボックス、油圧ブレーキをもつ進歩的なティーポ508 "バリッラ" に発展します。11万3000台造られた "バリッラ" のうちの1000台はOHV化された36馬力エンジンをもち、スポーツカーレースの1100cc級でも活躍しました。この508バリッラをフランスで生産化したのがシムカの始まりで、またワルシャワのポルスキ・フィアットでも生産されました。1935年の500（チ

1953年末に発表されたヌオーヴァ1100TV。

187　＜イタリア、トリノより　1953年フィアット・ヌオーヴァ1100＞

ンクェチェント）で下限を窮めた後の1937年、バリッラはモデルチェンジして508Cとなります。これが戦後まで造られる1100（ミッレチェント）となります。この1100はハンドリングとロードホールディングに優れ、空力的なベルリネッタ・ボディをもつ508C MMはその名のとおりミッレミリアの1100ccクラスで上位を独占しました。

そして第二次世界大戦終結から8年目の1953年にその後を継いで発表されたのが、この手紙の主人公"ヌオーヴァ・ミッレチェント"（新1100）です。ダンテ・ジアコーザの指導下で設計された新1100は、すべての点でモダーンな完全な戦後型で、当時のもっとも進歩的な小型車でした。ボディはフルモノコックの3ボックス、フルウィズで、4ドア4ライトのベルリーナで前扉は依然前開きです。ホイールが14インチであるためもあって、よくまとまったグッドデザインだと隠居は思います。グリルの付くフロントパネルとフェンダーの継ぎ目や、ドアを走る補強用のリブを敢えて隠していないのも好感が持てます。ホイールベース2340㎜の4座セダンで車重は815kgしかないのです。

エンジンは旧1100から引き継いだ4気筒OHV、1089cc、36馬力、4段シンクロメッシュ・ギアボックスで118㎞/hまで引っ張り、1ℓのガソリンで13・3㎞走りました。発売から間もなく、圧縮比を上げて48馬力、130㎞/hとした1100TV（トゥーリスモ・ヴェローチェ）も追加されました。サスペンションは前がダブルウィッシュボーンとコイルの独立、後ろはリーフで吊ったリジッドですが、最終駆動はハイポイドになり、床面とギアノイズを下げていえられました。TVはグリルの中央にもドライビングランプが備えられました。今日の目から唯一不満なのはコラムシフトだったことですが、これは当時の流行でした。

からいかんともしがたいところです。

1954年のジュネーヴ・サロンではワゴンタイプの1100ファミリアーレを発表、さらに人気を高めます。新1100には旧1100MMのようなハードなベルリネッタが造られることはありませんでしたが、代わりに1955年1100TVトラスフォルマービレ(コンバーティブル)が発表されました。これは低いオープン2シーターで、コルベット風のラップアラウンド・ウィンドシールドをもつアメリカン・テイストのクルマです。したがって性能的には1100TVを大きく選ぶところはなく、レースでの戦勝記録もありません。

今隠居はトリノのジョヴァンニ・アニエッリ通りにあるフィアットの旧ミラフィオーリ工場の前におります。フィアットの生産は労働力の安い地方に分散され、今やミラフィオーリでクルマは造られていません。この工場の前に立って隠居は41年前の1965年、故・池田英三さんらと訪れた時のことを想い出しています。600(セイチェント)を改造したオープンのビーチカーに乗せられて工場の中を見学したのでした。

189　〈イタリア、トリノより　1953年フィアット・ヌオーヴァ1100〉

第43話 イタリア、トリノより 1950年ランチア・アウレリア

長靴の形をしたイタリア半島は、ヨーロッパ大陸に接してから東西に広がっていますが、その西の端で、もうフランス国境まで直線距離で50km足らずという所にあるのが、ピエモンテ（山麓の意）州の州都トリノです。長逗留しているトリノは、フランス国境に近いためイタリアでは最も早く自動車の洗礼を受けた町で、後にイタリアのデトロイトにも喩えられるモータウンに発展しました。

その盟主は言うまでもないフィアット（トリノのイタリア自動車会社の略）ですが、同社はジョヴァンニ・アニェッリを中心とするトリノ市の9人の貴顕が共同出資し、1899年にチェイラーノというクルマを買収してスタートしました。その時チェイラーノからフィアットに移籍したメカニックの中に、弱冠18歳のヴィンチェンツォ・ランチアがいました（イタリアでの発音はランチャです）。フィアットでは同社初めてテストドライバーを務めていましたが、立派な体躯と大胆な性格のゆえに間もなく同社のレーシングチームのドライバーに抜擢されます。不運と彼自身の性急さのゆえに多くのトロフィーを逃しましたが、それでも1904年の第2回コッパ・フローリオで優勝（このとき主催者のヴィンチェンツォ・フローリオは3位になりました）。1906年のヴァンダービルト・カップで2位、同年のコッパ・

1950 Lancia Aurelia

初期のアウレリア B10 ベルリーナ。後期になるとボディ形状が微妙に変わり、ヘッドライトも普通のシールドビーム型になる。

ドーロで優勝などの戦績を残しています。その大胆なドライビングゆえに、このヒロイックな時代の人気ドライバーのひとりでもあったようです。

ランチアは1908年までフィアットでのレースを続けますが、1906年には自ら信じるところのクルマを作るために同じトリノにランチア社を設立しています。さすが〝ゴッドファーザー〟フィアットの度量の大きさと言うべきでしょうね。だからランチアが1969年にフィアットの支配下に入ったのは、元の鞘に収まったと言うのが正しいでしょう。それはさておき、フィアットが小型大衆車から大型高級車まで、ワイドレンジでオーソドックスな車を量産したのに対し、ランチアはきわめて個性的な中型車を比較的少量、入念に生産しました。その代表格が1923年の〝ラムダ〟であり、1937年の〝アプリリア〟ですが、今日は名前を挙げるだけにして、一気にそれらはこの手紙では語り始めるときりがないので、今日は名前を挙げるだけにして、一気に第二次大戦後の1950年まで飛ぶことにします。

この年一台の名車〝アウレリア〟が誕生したのです。アウレリアは1923年にフィアットからアルファ・ロメオに移籍、1937年にアルファを辞してトリノに帰郷していた名設計家ヴィットリオ・ヤーノと、ヴィンチェンツォの子息ジャンニ・ランチアの共同設計になるクルマで、モノコック・ボディやスライディング・ピラーの前輪独立懸架、狭角V型エンジンなどにラムダ以来の技術的伝統を受け継いでいますが、もちろん大幅に近代化されています。ボディはピニンファリーナの流れを汲むクラシックな4ドアのベルリーナですが、観音開きのドアを開けるとセンターピラーのない、英国式に言うところのピラーレス・サルーンです。前輪ばかりでなく、後輪もコイルで吊った独立で、ドラムブレーキをバネ上にもつインボード・ブレーキを採用しています。1954年からは後輪懸架がドディオンになります。

アウレリアにはホイールベースを2.86mから3.25mに延ばした7人乗りベルリーナのB15もあった。

191　＜イタリア、トリノより　1950年ランチア・アウレリア＞

エンジンは60度V6でプッシュロッドOHVですが、ロッカーを巧みに使うことによってV字形バルブ配置の半球型燃料室、クロスフローとしています。はじめのB10では1754ccの56馬力でしたが、乾燥重量1100kgと軽かったので、135km/hが可能でした。1951年には1991cc、70馬力、1953年には2266cc、90馬力に拡大強化したモデルも設けられ、"トン"（100mph＝161km/hのこと）に届くようになりました。1951年の2ℓモデルからは80馬力に強化、ピニンファリーナの美しいファストバックの2＋2クーペ（実際のデザインはピニンファリーナ時代のボアノとされます）で包んだ、あの素晴らしいアウレリアB20"GT"も生まれます。アウレリアGTは究極的には110〜118馬力で180km/hにまで達しました。

アウレリアGTは1959年の最後までコラムシフトだったのはちょっと残念でしたが、これはサンビーム・アルパインや最初のアルファ・ロメオ・ジュリエッタ・スプリントなど、戦後のスポーツカーでは珍しいことではありませんでした。ひとつ面白いことは、

1950 Lancia Aurelia

192

1954年にドディオン・アクスルになるまで、すべてのアウレリアは右ハンドルだったのです。アルファ・ロメオも4気筒の量産型"1900"で初めて左ハンドルになるまでは右ハンドルでしたし、初期のフェラーリもそうです。フランスでもブガッティやタルボ・ラーゴ、ドラエ、ドラージュなどの伝統的な高性能車は1950年代中頃の終焉まで右ハンドルでした。ほとんどのサーキットが右回りなので、レースの可能性のあるクルマは右ハンドルが多いのだとする説もありますが、隠居は昔の直列エンジン車では右吸気、左排気が多いので、ステアリングと排気管の干渉を避けたのではないかと思います。

話を元に戻すと、アウレリアGTは2ℓ級では強力なコンテンダーでした。例えばタルガ・フローリオでは1952、53、54年に総合優勝（54年は2、3位にも）していますし、ミッレミリアでは1951年に2位、53年に3位、ルマンでは1951年と52年に2ℓクラスのウィナーになっています。同様ラリーにもめっぽう強く、1953年のリエージュ—ローマ—リエージュ（マラソン・ドラ・ルート）や1954年のモンテカルロに優勝しています。アウレリアにはGTベースのピニンファリーナ・ボディのスパイダーとコンバーティブルもあり、それはフロアシフトでしたが、どちらかと言えば心情的なスポーツカーで、ほとんどレースはしていません。

アウレリアの生産台数はベルリーナが1万2705台、GTが2568台、オープンが761台で、高価な個性派はやはり量とは相容れなかったことがわかります。でも、やっぱり魅力的なクルマですね！

さて、「風の向くまま気の向くまま、行方定めぬ風来坊」、次はどこからお便りすることになるでしょう。

右頁上：アウレリア GT。

左：アウレリアの妹分のアッピア。V4、1090cc、38馬力で、後輪懸架はリーフで吊ったリジッド。フィアット 1100-103 の 36％も高価であった。

193　＜イタリア、トリノより　1950年ランチア・アウレリア＞

第6章
ほかのヨーロッパの国からの便り

第44話 スウェーデン、イエテボリより 1954年ボルボ444

こんにちは。北欧スウェーデンのイエテボリに来ております。スカンディナヴィア半島はユーラシア大陸の北西端に逆Y字形に北から南へと（地図の上では）ぶら下がるような形をしています。その半島の西寄りを長い山脈が走って西のノルウェーと東のスウェーデンに分けています（フィンランドは半島の付け根、むしろ大陸よりで、東でロシアと接しています）。

半島は南端が大きくふたつに割れていて、そこにデンマーク半島が頭を突っ込んでいます。ふたつに割れたうちの東がスウェーデンで、その西岸にあってカテガット海峡を挟んでデンマークと対峙しているのがイエテボリです。バルト海に面する首都ストックホルムとは反対の位置にあります。スウェーデン語は独特で、英語ではGothenburgと書いてゴーセンバーグと言います。スウェーデン語はGoteborgと書いてイエテボリと読みます。スウェーデン出身の国際的大スターで、イタリアの映画監督ロベルト・ロッセリーニと結婚した1955年に、ロッセリー

―――――― 1954 Volvo 444

上：PV444のプロフィールは1942〜1948年の米フォードによく似ている。フェンダーの上にボンネットが載ったようなデザインは1949〜1952年のトヨペットSBセダンにも共通する。

右：1947〜1959年PV444。SAS（？）のクルーも一役買った当時の宣伝写真。アメリカ的なデザインの小型車だ。

ニからフェラーリ375MMのピニンファリーナ製スペシャル・クーペを贈られたことでも知られるイングリッド・バーグマンも、実は母国ではベルイマンなのです。スウェーデンの映画監督イングマール・ベルイマンとバーグマンは確か親戚関係にあったはずです。

ところでイエテボリはスウェーデン最大、というよりスカンディナヴィア半島最大のベーネルン湖から流れてくるイエテ河の河口に拓けた町です。そのため漁業が盛んで、そこから漁船を始めとする造船業が栄え、早くからエンジンも造られました。隠居がもうひとつ大好きなカメラの世界では、あのハッセルブラッドの生まれ故郷がイエテボリです。なぜ隠居がこの北欧の美しい町にやってきたかと言えば、この手紙でボルボの話をしようかと思ったからです。A・B・ボルボは1927年のスタート以来、ずっとここイエテボリに本拠を置いているのです。それは1999年3月にフォード・モーター・カンパニーがボルボ・カーズ・コーポレーションを買収してからも変わりません（現在は中国資本下にあります）。

スウェーデンは〝スウェーデン鋼〟の名があるように良質の鋼材の産地であり、それを用いたSKFベアリングで知られていました。1924年の夏、SKFの販売部長であったアッサール・ガブリエルソンと、同じくSKFの技術者であったグスタフ・ラルソンのふたりは、スウェーデンでのクルマ製造の可能性を語り合います。可能性ありとの結論に達した彼らは、1925年最初のクルマの設計図を準備します。生産のための資金を調達するのはガブリエルソンの役目でしたが、それは巧くいかなかったようです。資金集めには実際に動く見本車が必要だと考えた彼らは、オープン9台、クローズド1台の試作車を作りテストを開始します。これが効を奏して資金が集まり始めると遂にSKFが

1953年に発表されたステーションワゴン。"two cars in one"という意味でデュエットと名づけられた。

＜スウェーデン、イエテボリより　1954年ボルボ444＞

動き出し、資金提供するとともに"Volvo"という名称を与えるのです。volvoとはラテン語で「私は回る」という意味で、以前SKFが使っていた商品名だったのです。

その後1000台の増加試作を経て、最初のボルボは1927年に商品化されました。ヤコブとニックネームされた最初のP4型は4気筒SV、1.9ℓ、28馬力のエンジンをもつ中型実用車で、足回りは前後ともリーフで吊ったリジッドアクスル、ボディは木骨に鉄板を被せた、当時の典型的な設計です。その平らなラジエターには右上から左下に掛けて対角線が引かれ、その中央に「回転する」を意味する"♂"印が付けられていました。今日に至るボルボのシンボルマークの始まりです。P4ヤコブはごく平凡でシンプルなクルマでしたが、それだけに信頼性は高く頑丈で、スウェーデンの国内市場では大成功を収めました。その後のボルボは時流に乗って次々と進化していき、1930年代には進歩的な流線型も作られましたが、基本的には冒険を避けたオーソドックスな構造で信頼性と耐久性を追求するという方針は維持され、それが成功の因となりました。

第二次大戦の末期、ボルボは来るべき戦後のため新型車を開発します。それが戦後の1947年2月に発売されるPV444です。それまでのボルボは6気筒エンジンで拡大を続けてきましたが、戦時中にガソリンと生産のための資材の欠乏を味わったボルボは思い切った小型化を図りました。エンジンは久しぶりの4気筒で、わずか1420ccとそれまでの最小でした。しかし初のOHVの採用により44馬力を確保します。PV444の名称は4気筒の44馬力を意味するものだったようです。3段フロアシフトのギアボックスは、2、3速がシンクロナイズされていました。サスペンションは前輪がダブルウィッシュボーンの独立、後輪がリジッドでしたが、前後ともスプリングはコイルで、ロードホールディングはか

1954 Volvo 444

1955年に67台だけ作られたボルボ・スポート。ホイールベースを2.4mに短縮、エンジンを70馬力に強化したシャシーにプラスチックのオープン2シーターを着せたもの。

なり高く評価されました。

2600mmのホイールベースに乗るボディは全長4430mm、全幅1580mmの2ドア4座セダンで、初の全鋼製モノコックのために925kgと比較的軽量でした。最高速度は110km/hまで出せました。注目すべきはヨーロッパの小型車のサイズと機構なのにボディスタイリングが完全なアメリカン・フォードをそっくり小さくしたようなところでした。ボルボ自身、このことがPV444が成功した要因だと認めています。特にそのスタイリングゆえにアメリカ人には受け容れやすかったようです。

1950年代初期にアメリカで起こったヨーロッパ車、スポーツカーのブームの中でかなりの成功を収めたのでした。

1956年にはモダーンな3ボックスの4ドア・セダンのP120（スカンディナヴィアでは〝アマゾン〟と呼ばれた）が発表されますが、その後もPV444の生産は続きます。1959年にはウィンドシールドをワンピースの曲面とし、1・6ℓツインSUエンジンと4段フルシンクロ・ギアボックスを搭載したPV544に発展、さらに1962年には1・8ℓにまで拡大され最高速度も150km/hプラスに達しました。PV544はアメリカではもはやスポーツカーでしたが、実際国際的なラリーでも大活躍しました。PV544時代の1958年にはチューリップ・ラリー、PV544になってからの1964年にはアクロポリス・ラリーとラリー・オブ・ミッドナイト・サン、1965年にはイースト・アフリカン・サファリとスウェディッシュ・ラリー、アクロポリス・ラリーに優勝しているのです。PV544を含めて18年間も作られたボルボPV444は、第二次大戦後のヨーロッパで最も成功したクルマのひとつと言うことができるでしょう。

1956年に発表されたモダーンなP120。初めアマゾンの名で発売しようとしたが、西ドイツのモーターサイクルメーカーが名称登録していたのでP120の形式番号で発表、スカンディナヴィア3国でのみアマゾンの名で売られた。

＜スウェーデン、イエテボリより　1954年ボルボ444＞

第45話 スウェーデン、リンチェピングより 1950年サーブ92

今は北欧スカンディナヴィア3国の中では最も大きい国、スウェーデンのリンチェピングという地方都市におります。スウェーデンは国土が日本より20％大きい反面、人口は日本の1/14以下という、いわば過疎の国です。国民総所得は日本の5.3％ほどですが、何と言っても人口が少ないので1人当たりの国民総所得は日本の76％に達し、ドイツを凌ぐヨーロッパでも有数の豊かな国です。この国の高福祉が世界の見本となっていることは、よくご存知のことでしょう。

スウェーデンは東西には狭く、南北に長い細長い国ですが、その南から1/3ほどの東海岸にバルト海に面して首都ストックホルムがあります。そこから南西に150kmほどの所にあるのがリンチェピングです。スウェーデン南端近くに、狭い水道を挟んでデンマークの首都コペンハーゲンと対峙するマルメ市があります。そのマルメとストックホルムを結ぶ幹線鉄道の中ほどにあるのがリンチェピングで、ここからは多くの支線が延びる交通の要衝です。この辺りは大小の湖が多い湖沼地帯で、リンチェピングもロクセンという湖の畔にあり、運河に面しています。昔から織物が盛んで、また機関車の製造でも知られます。ロマネスク様式のカテドラルを中心とする、人口8万ほどの静かな町です。

1950 SAAB 92

リンチェピングのゲータ運河沿いで憩うサーブ92。戦前派とか戦後派とかに分類できない、強いて言えば航空機派のデザインだ。

隠居がリンチェピングを訪れたのは、ここにサーブの本社工場があるからです。サーブはよく知られているように、スウェーデンでほとんど唯一の航空機産業から生まれました。その会社は第二次大戦がそろそろきな臭くなり始めた1937年に政府主導で設立されたSvenska Aeroplan Aktie-boraget（スウェーデン航空機株式会社）で、株式会社はABと略すので、SAABとなりました。第二次大戦中はプロペラの戦闘機を生産しましたが、戦後は有名な三角翼のドラーケンや先尾翼のフィゲンなどのジェット戦闘機で国防に貢献しました。軍需産業の常として、戦争が終結して平和が訪れると、経営が立ち行かなくなる不安があります。それを回避するために、サーブは戦時中から自動車の研究・試作を始めていました。軍需産業から自動車への転向（あるいは進出）は、古くは第一次大戦後にフランスのシトロエンがあり、第二次大戦後のイギリスのブリストル、アメリカのカイザー・フレイザー、日本のスバルなど、枚挙に暇がないですね。

サーブは1947年に早くも1台のプロトタイプを報道陣に公開しましたが、量産向けにモディファイしてサーブ92として発売したのは1950年のことです。スウェーデンでは有名なボールベアリング・メーカーSKFから派生したボルボが、1926年から同国唯一のメーカーとして乗用車を生産してきましたが、それから実に24年ぶりに新しい乗用車メーカーが生まれたことになります。そのボルボはアメリカのGMで設計やデザインに携わった人々が開発に係わっていたと言われ、構造的にもデザイン的にもどちらかと言えばアメリカ的であったことは否定できません。このことが、ボルボがアメリカを始めとする世界市場で成功し得た原因でしょう。それに対してサーブは初めからヨーロッパ風の小型経済車を狙っていました。すでにボルボの存在するマーケットへ進出するのですから、当然と言えば当然ですね。

現代の目で見ても完璧なプロファイル。ウィンドシールドの傾斜の強さに注目。

水冷の直列2気筒2ストローク・エンジンを前車軸の前に横向きに備え、3段ギアボックスを介して前輪を駆動するという大原則は、ドイツのDKWマイスタークラッセを徹底的に研究した結果であることは明白です。1939年に発表されたドイツ、アウト・ウニオン社のDKW（デー・カー・ヴェー）F9は、戦後西ドイツのゴリアートやロイト、さらにロイトに倣った日本のスズライトにも影響を与えましたが、サーブもそのひとつでした。サーブがDKWにライセンス・フィーを支払った正式のライセンシーだったのか、単に影響を受けただけなのかは隠居も知りません。

しかしエンジンはボア×ストローク80×76mmの764ccで、ストローク76mmはDKWと共有し、ボアだけ689ccのマイスタークラッセの76mmを4mm拡大しており、ブロックやクランクシャフトは共通のようです。出力は25馬力とマイスタークラッセをわずか2馬力上回っています。ラジエターは前車軸上の高い位置にあり、ウォーターポンプを省略したサーモサイフォン式としています。ボディはいかにも飛行機屋らしいモノコックでサスペンションもDKWとは違っています。すなわちDKWは横置きリーフなのに対し、トーションバーを用いており、後ろも独立にしています。ホイールベースはマイスタークラッセの2350mmに対して2470mmと長く取っています。

ボディは前開きの2枚のドアを持つ4人乗りのセダンですが、そのスタイリングにこそサーブの航空機メーカーとしての経験と主張が込められています。ひと口に言ってサーブ92のボディは航空機並みに洗練された流線型なのです。空力特性を高めるためには、停止している空気と擦れ合う表面積が小さいこと、表面が滑らかで気流の剥離による過流を起こさな

———————————— 1950 SAAB 92

右：1955年に3気筒841cc、38馬力エンジンを搭載して登場したサーブ93。走行中風切音がまったくしないと言われた。

左頁：いかにも飛行機屋の設計らしいモノコックボディ。前後のフェンダーはゴムの防振材を介してネジでモノコックに取り付ける。

202

いことなどが必要ですが、それらの点でもサーブ92は理想的な形をしています。テールは今ならファストバックと言うところでしょうが、当時のアメリカで飛行機の背中に似ているというところから呼ばれていたプレーンバックそのものです。最も特徴的なのはウィンドシールドが強く傾斜していることで、当時の一般的なクルマが垂直に対し40度未満、30数度していたのに対し、実に45度もありました。私たちの自動車趣味の先輩でサーブ92のオーナーだった故五十嵐平達さんは「雨の中を速く走ると水が下から上に流れるんだよ」と嬉しそうに話していたのを想い出します。実際昔と今のクルマを並べた時に強く違いを感じるのは、ウィンドシールドの傾斜角ですね。

車重はマイスタークラッセより15kg重い805kgありましたが、公表された最高速度は同等の100km/hでした。サーブ92はその優れたロードホールディングを利して、1950年代初めからラリーに活躍し始め、サーブは1960年代に名手エリック・カールソンの搭乗によってRACラリーやモンテカルロ・ラリーで無敵を誇るに至るのです。1955年にはDKWゾンダークラッセに倣って3気筒841cc、38馬力としたサーブ93が発表され、性能と人気を高めます。さらに1962年には3キャブレターで145km/hに性能を高め、4段ギアボックス（ただし依然コラムシフト）と前輪ディスクブレーキを備えたスポーツモデルの〝モンテカルロ〟もラインナップに加えます。1950年に年産1246台で始まったサーブは、1965年にはついに2ストロークを捨て、ドイツ・フォード・タウヌス12Mの1498cc、65馬力の90度V4、OHVユニットを積みます。それから2年、1969年に至ります。1967年には4万8300台を生産し、うち1万7000台を輸出するに至ります。

サーブはこのオリジナルの空力的ボディに別れを告げるのです。

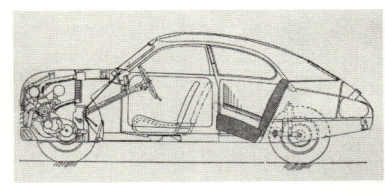

サーブ92の無駄のないレイアウト。床の薄さに注目。

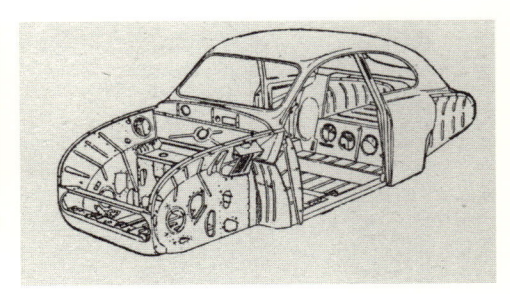

＜スウェーデン、リンチェピングより　1950年サーブ＞

1957年タトラ・タイプ603。

第46話 チェコ、プラハより
1957年タトラ603

　私は初春のオーストラリアから秋のチェコに飛んで、今はプラハにいます。

　ところでプラハのある国は現在ではチェコ共和国ですが、20年ほど前まではチェコスロバキア共和国でしたね。これはもともとチェコ共和国とスロバキア共和国というふたつの国を併合させた連合共和国だったので、東西の壁が崩壊した後に、自然にもとの2カ国に分かれたのです。チェコスロバキアはもともと西のボヘミヤ（チェスケ）と中央のモラビア（モラバ）、東の広大なスロバキア（スロベンスコ）からなっていたのですが、このうちのボヘミヤとモラビアがチェコになりました。スロバキアがどちらかと言えば農業国なのに対し、ドイツと国境を接しているチェコは早くから進んだ工業国だったんですね。

　そうそう、プラハから西南西に80kmほどベローンカ川

1957 Tatra 603 
1957年タトラ・タイプ603。

204

の谷を遡ると、プルゼニという町があります。プルゼニが、実はビールで有名なピルゼンなのです。アメリカのシカゴでできるビールに有名なバドワイザーがありますが、実はチェコにもブートバイザーというビールがあり、本家争いを演じたのはご存知かもしれませんね。

今、私はプラハのブルタバ川にかかる有名なカレル橋の上に立って、旧王宮を臨んでいるところです。ブルタバ川はまたの名をモルダウと言います。そう、あの民族楽派のスメタナが作曲した『わが祖国』に出てくるモルダウです。余談ながら、同じボヘミア出身の作曲家ですが、祖国ではドボルザークより圧倒的にスメタナの人気が高いそうです。話を元に戻して、ブルタバ（モルダウ）川はドイツへ入り、すぐにドレスデンへと流れ抜けて、ずっと北のハンブルグから北海に注ぎます。そう言えば先年の豪雨でブルタバ川／エルベ川は大暴れし、プラハもドレスデンも水浸しになりましたね。

先に述べたように、チェコは早くから工業化の進んだ国です。隠居のもうひとつの好物であるカメラの世界でも、チェコは有力な生産国で、戦後もメオプタをはじめとするいくつかの工場が、ボックスカメラから二眼レフ、ライカ型の距離計連動でフォーカルプレーン・シャッター付きのレンズ交換式35㎜機、果ては極小型のスパイカメラやステレオカメラまで実に多彩なカメラを生産しました。ええ、隠居もチェコ製のカメラを数台は持ってますよ。

このほか鉄道車両や航空機、兵器などでもチェコはよく知られています。そしてもちろん自動車でもタトラをはじめとしてシュコダ、アエロ、プラーガ、ヤーワ（モーターサイクルでも知られる）など、有名なクルマが目白押しです。

そんなチェコのクルマの中で、隠居が最も好きなのは、チェコの山脈に因んで名付けられたタトラです。タトラの祖先は1897年設立という古い古いネッセルスドルフで、第一次

205　〈チェコ、プラハより　1957年タトラ603〉

大戦後の1923年に改組されてタトラとなります。最初の5馬力ベンツ・エンジン付きのネッセルスドルフ "プレジデント" を作り上げた技術者の中には、後に流線型の "ドロップフェンヴァーゲン" や、航空機の "タウベ（鳩）" などを生む、若き日のエトムント・ルンプラーもいたといいますから、早くからエンジニアの会社だったことがわかります。

もうひとり、最初の "プレジデント" で初めてオーストリアの自動車技術に係わった人に、ハンス・レドヴィンカがいました。彼は一旦オーストリアのシュタイアに転出しますが、第一次大戦後チェコに戻り、太いバックボーンフレームの先端に空冷フラットツイン1056cc、12馬力エンジンを備え、スウィングアクスルの後輪を駆動する、きわめてユニークなクルマを生みます。これが最初のタトラ、タイプ11で、それに成功したレドヴィンカは同じ基本設計でフラットフォアの2ℓ車から、V12の6ℓ車までを展開します。

レドヴィンカはかのフェルディナント・ポルシェ（彼もまたボヘミアの出身です）と親交があり、多くの影響を与えています。例えば1932年のタトラ・タイプ57はフラットフォアの1160cc、22馬力ですが、このスペックは（フロントエンジンであることを除いて）VWとそっくりじゃありませんか。そればかりか、1934年のタトラ・タイプ77では鋼管バックボーンフレームの後方をフォーク状にして、そこに3.4ℓのV8を積んでリアエンジンに発展させます。ボディは当時としては驚くほど進歩的な流線型で、こうなるとますますVWに近く、レドヴィンカがポルシェに

1923年タトラ・タイプ11。

与えた影響の大きさが想われますね。

ところで第二次大戦後チェコスロバキアは社会主義国となり、タトラも国有化されます。戦後は1937年のフラットフォア、1760cc、40馬力リアエンジンのタイプ97をわずかにモダナイズした"タトラプラン"を生産しますが、1957年に至って目の醒めるような新型、タイプ603を出します。戦後のチェコはシュコダがもっぱら1〜1.2ℓ級の小型大衆車を担当することになったため、タトラが政府高官用の大型高級車として完成させたのがタイプ603です。

タトラ603は曲面豊かな堂々たる押し出しの4ドア6ライト・セダンの後部に、空冷の2472cc、105馬力のOHV、V8を積んだ、当時世界最大のリアエンジン車でした。モノコックボディは1420kgもあったけれど、その空気力学的なシェイプのために170km/hまで出すことができたと言います。私が『モーターファン』誌美術部に在籍していた駆け出しのジャーナリストだった1958年、外誌でしか見たことのないこのクルマを東京の都心で発見、慌ててカメラマンを呼んで撮影してもらい、記事にしたことがあります。黒塗りのその603はまだ仮ナンバー付きでしたが、実は在日チェコスロバキア大使館に派遣されてきた2台のうちの1台でした。内装の白いプラスチックなどは、いかにも共産国の製品という感じでしたが、エンジンフードを開けた景色は、ポルシェが356の4ドア・セダンを作ったらかくあらんと思わせる印象的なものだったことを記憶しています。

さて、陽も落ちてきました。どこかのレストランで、ピルスナーで喉を潤すとしましょう。そいじゃまた……。

1930年タトラ・タイプ80　6ℓ V12。

〈チェコ、プラハより　1957年タトラ603〉

第47話 チェコ、プラハより 1965年シュコダ1000MB

隠居は "ピルスナー"（ピルゼン・ビール）があまりに旨いのと、生活費が安いので、まだチェコ国はプラハ市でうろうろしているありさまです。面目ない。もっとも先の便りではこの国の高級車タトラについて書いたので、今回は大衆車に当たるシュコダについて述べてみようと思います。そうでないと不公平の誹りを免れませんからね。

チェコの首都プラハから北東に50〜60kmほども行った所に、ムラダ・ボレスラフという小さな地方都市があります。そこがシュコダの工場のある所なんですね。タトラは確か山脈の名前だったと思いますが、シュコダは地名ではなく、エミール・シュコダという人物に由来します。エミール・シュコダは19世紀後半から20世紀初頭までの人でした。チェコ工科大学で学んだ彼は、ドイツの各都市で働きながら訓練を受けます。当時のドイツにはまだ徒弟制度とマイスターシャフトの制度が残っていたんですね。

27歳になったシュコダはある伯爵が興したピルゼン機械工場に入社します。前の便りにも書いたと思いますが、ピルゼンは現地の言葉で、今はプルゼニと呼ばれる町で、最も近いドイツ国境まで40km足らずの所にあります。欧州大陸では無理矢理、国境線

を引いて国を分けていますが、もともと陸続きですから国境地帯では人々の交流は盛んで、文化も風習も交雑しています。ピルゼンもまあ、ドイツのバイエルン州の一部みたいなもんですね。だってあのBMWの本拠地であるバイエルン州の州都ミュンヘンまで直線で220～230kmほどしかないんですから。

その後シュコダはこの工場を率いることになり、社名もシュコダと改めます。彼はそこに大規模な溶鉱炉を築き、重火器などの製造を始めます。世界に先駆けて150mmの野戦砲を作ったのもシュコダのピルゼン工場でした。やがてシュコダは欧州でも最大級の機械工場に発展します。しかし戦争中に急拡大した工場は、戦争が終るといっぺんに設備過剰に陥って倒産の危機に瀕してしまうのが世の常です。もし兵器に代わって平和時にも必要な何かの製造に転身できなければ、会社はつぶれてしまいます。

その何かを見つけることはなかなか容易ではありません。例えば第二次大戦直後に中島飛行機が分割されて生まれた今の富士重工は、米軍が落とした焼夷弾の外皮を用いて、パン焼き器まで作ったほどです。さらに戦時中の夜間偵察機 "月光" の尾輪の残りを使ってラビット・スクーターを作りましたし、航空機の機体の技術を生かしてバス・ボディも生産しました。戦争が終れば自動車が売れるだろうと、軍需生産から自動車生産に転じた会社は世界中に少なくありません。第一次大戦中に巨大化した砲弾工場を維持するために、アンドレ・シトロエンがフォードに学んで自動車の量産に着手した話はよくご存知のことと思います。

ところでわれらが主人公シュコダも、第一次大戦後に自動車界に打って出ようとして、なんとフランスのロールス・ロイスとも言われるイスパノ・スイザを短期間だけ国産化したことがあります。ええ、第一次大戦後のことですから、ヴィンティッジカーのパイオニアと呼

シュコダ1000MB。

209　＜チェコ、プラハより　1965年シュコダ1000MB＞

ばれる直列6気筒SOHC 6.6ℓのあのH6イスパノですよ。しかしそれはごく限られた市場のためのクルマで、シュコダの本格的な自動車への進出は1925年にムラダ・ボレスラフのラウリン・クレメント社と合併した時でした。

ラウリン・クレメント社は19世紀にバーツラフ・ラウリンとバーツラフ・クレメントというふたりのチェコ人が興した古い自動車工場です。19世紀末にはモーターサイクルに進出、1907年には自動車の生産も始めています。とりわけ大きな特徴はないけれども、大小さまざまな堅実な実用車を造っていたようです。ところが同社は火災に見舞われ、存続の危機に直面します。その時に救援の手を差しのべたのがシュコダだったというわけです。以後L&Kはシュコダの鳥のバッジを付けることになります。その後もシュコダは4、6、8気筒のさまざまなクルマを造りますが、注目されるのは1933年発売の4気筒995cc、20馬力の小型大衆車420型で、タトラみたいなバックボーンフレームと後輪のスウィングアクスルをもっていました。

第二次大戦後、チェコスロバキアは社会主義化され、シュコダは当然国有化されます。その製品は戦前の420のシャシーをベースとした小型車で、エンジンはフィアットに似たOHVの1100と1200になり、ギアボックスもコラムシフトになりました。2ドアのセダンとコンビはオクタヴィア、そのオープン版はフェリシアと言いました。西欧風を装ってはいますが、いかにも社会主義国らしい気の利かないスタイルは、今では非常に懐かしく思います。1965年にはタトラ602をそっくり小型化したようなモダンなリアエンジンの4ドア・セダン1000MBに脱皮、1968年には1100MBも生まれます。MBが何を意味するかおわかりかな？　そうシュコダ工場のあるMlada Boleslavの頭文字です。

——1965 Skoda 1000MB

シュコダ1100MB／S110（ラリー）。

1100MB／S110という高性能版は社会主義圏のみならず、西側の国際ラリーでも活躍しましたね。

社会主義という巨大な経済実験が失敗(?)に終わり、鉄のカーテンが取り払われると、フォルクスワーゲンがシュコダの経営に乗り出し、今のシュコダはVWの技術による現代風のクルマを生産しています。またVWポロもシュコダ工場で生産されているようですね。なんとも波乱に満ちたストーリーじゃありませんか！

さて、次はどこへいきましょう。

シュコダ・フェリシア。

シュコダ・オクタヴィア。

第48話 ロシア、サンクトペテルブルクより 旧ソ連のクルマたち

お元気ですか？隠居はな、今ロシアのサンクトペテルブルクにおります。そう、英語読みをすればセントピーターズバーグで、旧ソ連時代にはレニングラードと呼ばれていた所です。スカンジナビア半島の西の付け根に位置する港町で、ネバ河がフィンランド湾に注ぐ河口に位置する港町で、人口350万の大都会です。ピョートル大帝がここをロシアの首都に定めたのが1703年、開都300年を超えるロシアの古都です。

サンクトペテルブルクは古い街なので、荒れたままの建物は巨大な看板で目隠しされています。ロシア革命の翌年の1918年、首都がモスクワに移されてしまったため、衰退していったのです。市の中心部の広場に、フランスのアーティストのデザイン

Cars of U.S.S.R.

上：GAZ M20 "ポビエダ"（勝利）。

左：GAZ M12 "ジム"。まるでキャデラック？

で建てられた平和を祈念する塔が、周囲の歴史的建造物にマッチしないと大論争になっています。隠居がサンクトペテルブルクにやって来た最大の目的は、パリのルーブルに匹敵する有名なエルミタージュ美術館を訪れるためです。それはそれは膨大なコレクションで、その話になると長くなってしまいますから、また別の機会にしましょう。

ところでトヨタ自動車がロシアへ工場進出するそうですね。何でもロシアに販売店を設けたところ、予期した以上の台数が売れたので、工場進出の話が出てきたとのことですね。きっと日本の東北の港町に魚を水揚げしたロシアの漁船が、販売店の裏庭で廃棄を待っていたクルマを1台数万円で買って帰ったのが現地で大好評を博し、日本車の人気を定着させたのでしょう。ロシアの市場経済化が急速に進みつつありますから、有力な市場になる日もそう遠くはありますまい。それ以上に労賃がきわめて安いので、東欧や西欧への供給基地としても有望でしょう。

旧ソビエト連邦のクルマと言えば、その多くが西側の技術によるものか、あるいは西側のクルマのコピーでしたね。隠居の知る限りソ連邦最初の乗用車は白ロシア共和国ゴルキー市のGAZ（ゴルキー自動車工場）が1932年に完成したGAZ－Aですが、それは1931年に生産を終えた米フォードのモデルAそっくりでした。というのも、GAZ－Aはフォードの技術者の支援の下で多くのクルマが生まれ、ソ連邦最大の自動車工場に発展していきます。GAZからはその後もフォードの技術者のバックアップで多くのクルマが生まれ、ソ連邦最大の自動車工場に発展したからです。

1936年には1933～34年頃の米国車そっくりの6気筒3.6ℓ、5人乗りのGAZ－M1が生まれ、それは1940年にはM11に発展します。第二次大戦中は4気筒、72馬力、四輪駆動のGAZ69が軍用に生産され、それは戦後GAZの助力を得たウリアノフスク自動

車工場で軍需と民需の両用に生産が続けられます。第二次大戦後の1946年、このゴルキー工場でアンドレイ・リプガルドの設計で生まれたのが、4気筒2.1ℓ、50馬力のモダーンな中型セダンM20ポビエダ（勝利）です。西欧風のプレーンバックのボディに、前輪独立懸架をもっていました。ポビエダは1952年よりポーランドのFSOでもワルシャワの名前で生産されますが、1955年から現代風のM21ヴォルガに発展します。またクレムリンの上層部のために1950年に完成された6気筒SV、3.5ℓ、94馬力の大型セダン、ジムもGAZ製で、コードネームM12と言いました。

隠居がクルマとともに大好きなカメラの世界では、第二次大戦後ソ連はドイツのドレスデンにあったツァイス・イコン社のコンタックスⅡ型とⅢ型の生産施設を賠償として接収、ウクライナのキエフに運びました。そこでコンタックスのそっくりさんがキエフとしてつい最近まで生産されていました。クルマの世界でもまったく同じことが行なわれました。というのもソ連は第二次大戦直後オペル工場で小型カデットの生産ラインを強制的に解体、モスクワに運んだのです。これが4気筒、1ℓ、23馬力のモスクヴィッチ（モスクワっ子）だったのです。

これらとは別にモスクワのスターリン工場は1936年にクレムリンの最高幹部のために、大型の最高級車ジス101を完成します。それはビュイックそっくりの直列8気筒OHVエンジンを備え、シャシーもボディもどのクルマの真似とは特定できないものの完全に米国車風の設計でした。ジスは1945年に110に発展しますが、それは1942年のパッカード180そっくりで、テールランプの赤いレンズのパターンまで同じでした。それもそのはず、ソ連通商代表部がボディ会社のブリックスから戦前のパッカードの型を買い付け

Cars of U.S.S.R.

右：モスクヴィッチ。オペル・カデットのソ連版。

左頁：ジス110。このクルマのオープンは北朝鮮の金正日総書記のパレードに使われた。

て作ったものなのです。一説によると当時のルーズヴェルト米国大統領が、ソ連邦首相スターリンに贈ったものと言われますが、少なくともルーズヴェルトが輸出の承認は与えていたのでしょうね。1953年3月5日にスターリンが死去した結果、スターリン工場は1956年にリカチェフ工場となり、クルマもジル111に発展します。

第二次大戦後の東京には戦勝国ソ連の代表部がありましたから、何台かのソ連製のクルマが見られました。小型大衆車のモスクヴィッチはなかったと思いますが、M20ポビエダやM12ジムはいましたし、最高級車のジス110さえ見られたんですよ。

社会主義体制下の計画経済では政府がいくら尻を叩いても生産性はいっこうに上がらず、競争がないのでクルマは十年一日の如く変わらず、進歩はありませんでした。そのためソ連政府がフィアットと契約し、124を国産化したほどです。今後のロシアとCIS（独立国家共同体）の自動車界はいったいどうなっていくんでしょうか。

215　＜ロシア、サンクトペテルブルクより　旧ソ連のクルマたち＞

第49話 スペイン、マドリードより
1951年ペガソZ102

お元気のことと思います。

隠居は今、スペインの首都マドリードに来ております。あるクルマの旧跡を訪ねてね。よく日本で観念的に南国スペインなんて言いますが、それは地中海に面したアンダルシアやグラナダの話で、マドリードは内陸で海抜655mの高地にあり、北緯40度線のわずか北、日本で言えば青森県の弘前市の位置にありますから冬はかなり寒い。2月の平均気温は、最低2〜3℃から、最高12〜13℃ですから、東京とあまり変わりません。冬の最低気温はマイナス10℃にもなるそうです。マドリード県の首都でもあるマドリードは人口320万余の大都会で、交通の要衝であるとともに、各種の工業も発達しています。

私がここを訪れた目的の「あるクルマ」とは言うまでもなくペガソで、その臭いでも嗅げればと思ったのですが、それは叶いませんでした。ええ、メーカーのENASAは今もありますが、現在はイヴェコ傘下でトラックやバスを造っています。エナサは「Empresa Nacional Autocamiones S.A.」、すなわち国有トラック会社の略で、もともとイスパノ・スイザのスペイン工場を買収して1946年にスタートしました。イスパノ・スイザは1904年にバレアレス海に面して、もうフランスに近いスペイン第2位の都市バルセロナに生まれ、マドリードにも工場をもちました。1911年にはパリ郊外にフランス工場を設

—— 1951 Pegaso Z102

ペガソZ102のスケルトンシャシー。

216

立、しだいにそちらが主力になりましたが、フランス工場は航空エンジンに力を注いだために乗用車の総生産は2600台に留まりましたが、スペイン工場は6000台も造ったと言われています。

新生エナサはモダーンで独創的なペガソというトラックとバスを生産します。ペガソは天馬を意味するペガサスのスペイン語です。ところがペガソは1951年のパリ・サロンで目も醒めるようなスーパースポーツ・シャシーを発表、全世界のエンスーを驚倒させます。強固なスケルトン・シャシーはフロントに4カム（DOHC）でドライサンプ・ルブリケーションをもつグランプリカー並みのV8エンジンを搭載、5段ギアボックスはデフと一体化されて後部に置かれます。サスペンションは全輪トーションバーで、リアはドディオンです。ブレーキは当然まだドラムですが、アルフィンで後ろはデフ左右のバネ上に置かれます。これまで誰も見たことのない見事なシャシーで、隠居自身が受けたショックは、1965年トリノ・ショーのランボルギーニP400（後のミウラ）シャシーのみが比べ得るものでした。

これが伝説のペガソZ102で、エンジンには2／4／8チョークのウェバー・キャブレターが装備され、オリジナルのZ102は2.5ℓ、180〜230馬力でしたが、Z102Bでは2.8ℓ、210馬力、Z102SSでは、3.2ℓ、210〜280馬力を発生しました。なかにはルーツ・スーパーチャージャー付きのものもあります。ボディを含めても車重は1トン前後で、性能は同クラスのフェラーリに太刀打ちできるものでした。しかし、いったい何で、どうしてスペインくんだりで（失礼！）こんなスーパースポーツが生まれたのでしょう。それにはこんな話があります。

実は新生ペガソで総支配人兼主任設計家に就任したのはウィルフレード・リカルトだっ

ファクトリーボディと思われるZ102クーペ。

217　＜スペイン、マドリードより　1951年ペガソZ102＞

たのです。リカルトと聞いてピンときたとしたら、相当熱烈なアルファ・ロメオ・ファンか、あるいは自動車技術史に精通した研究家ですね！ 1897年バルセロナ生まれのリカルトは、スペインでは最も優れた自動車技術者で、リカルト・エスパーニャ（1929〜32年）、ナショナル（1929〜32年）、リカルト（1922〜28年）などを生んだ後、1936年10月、技術および実験のアドバイザーとしてアルファ・ロメオに入社します。1940年の新しい契約では中枢への技術的アドバイザー、特殊研究部部長、設計部門のスーパーバイザーとなります。彼のマネジメントの下で生まれたクルマには1939年の3ℓ、V16のグランプリカー"ティーポ162"、1940年の1.5ℓ、V12ミドエンジンのグランプリカー"ティーポ512"、162エンジンをミドシップに積んだ1941年のレーシングスポーツ"ティーポ163"、1943年の直列6気筒2ℓのツーリングカー・シャシー"ガツェラ"などがありますが、いずれもプロトタイプに終わりました。このほか幾つかの航空エンジンも彼の下で試作されています。しかしスペイン人のリカルトにとってアルファ・ロメオはけっして居心地のよい所ではなかったようで、1945年の3月にアルファを辞しています。結局よそ者のリカルトはヤーノやコロンボ、サッタにはなれなかったのです。その直後にエナサのナンバーワンになったリカルトは、アルファ・ロメ

1951 Pegaso Z102

上：トゥリングによるZ102Bクーペ2台。

右：トゥリングによるZ102Bクーペのひとつ。

オ時代に積もり積もった欲求不満を一気に爆発させてペガソZ102を生み出した、というわけです。

話をZ102に戻しましょう。そのシャシーにはファクトリーにより実直なクーペやそれとは対照的な巨大なバブルリアウィンドウをもつクーペが載せられました。アメリカの『ポピュラー・サイエンス』誌がバブルクーペを表紙にして、「もし金魚鉢の中に1万5000ドルが隠してあったら今すぐペガソを注文すべきです」という意味のコメントを付けていたのを想い出します。Z102系にはファクトリーボディのほかに幾つかのカスタムコーチワークがありました。なかでも有名なのはイタリア、トリノのカロッツェリア〝スーペルレッジェラ″トゥリングと、フランス、パリのカロスリ・ソーチックによるものでした。トゥリングのクーペはモダーンでエンスージアストの心をがっちり掴むタイプ、ソーチックのクーペやカブリオレはフロントフェンダーが裾を引いた擬古典的なものでした。きわめて高価なので生産台数はごく少なく、いずれも待ち構える世界の大金持ちのガレージへ収まっていきました。

アルファ・ロメオにいたことのあるリカルトは、レースの重要性を知っていたはずですが、ペガソはあまり積極的ではなかったようで、スペイン国内のヒルクライムなどに活躍しただけでした。1954年にはキューバのトロヒー

上：1953年ルマンに向けて作られたZ102B"ビシルーロ"。

左：ファクトリーボディと思われるZ102カブリオレ。

<スペイン、マドリードより　1951年ペガソZ102>

1955年にはあまりに高額な自製エンジンの代わりにオールズモビルの4ℓ、OHV、V8を積んだZ103を発表しますが、わずかに4台を造って終わりました。1957年にリカルドがリタイアした結果、ペガソは商用車に専念することになり、この"生きたドリームカー"は125台を生産しただけに終わりました。生き続ければフェラーリをも脅かしたかもしれないと惜しまれてなりません。

ヨ大統領の子息が所有するクルマがカレラ・パナメリカーナに参加、2位につけていましたが、事故でリタイアしました。前後しますが、1953年にはベルギーのヤーベックで、1台のペガソがフライングマイルで244.602km／hの速度記録を出しています。またその年のルマンには、ちょっとピエロ・タルフィの双胴車に似て、右のボディにドライバーが乗るレーシングモデルがエントリーされましたが、スタートには現われませんでした。一説によるとペガソはその速さに対してブレーキの能力が不足していたとされますが、もう2〜3年すればディスクブレーキ時代が訪れたのに、と惜しまれます。

———— 1951 Pegaso Z102

上：1955年に4台作られたうちでも、おそらくいちばん最後の1台と思われるZ103トゥリング・スパイダー。

中：ソーチックによるボディのZ102Bクーペ。前開きのドアと豹革の内装をもつコンクール出品車。

下：ソーチックによるZ102Bカブリオレ。

＜スペイン、マドリードより　1951年ペガソZ102＞

220

第7章

日本からの便り

第50話　愛知県豊田市より
1955年
トヨタ・クラウン

2010年にはアメリカで大規模なリコールが発生、2011年には東日本大震災の影響を受けましたが、トヨタ自動車が今や世界最大の自動車メーカーであることは疑う余地がありません。今私は愛知県豊田市トヨタ町1番地のトヨタ本社前におります。トヨタは今や全国のみならず世界中に生産施設をもっていますが、もともと東京でも大阪でもなく、日本の中心に近いここ三河の地で生まれ、育ってきました。ここはトヨタ自動車の成功により、1959年（昭和34年）に豊田市と名を変えましたが、それ以前は挙母市といい、地図を見ればわかりますが、道路網が四通八達した交通の要衝でした。大名が群雄割拠する戦国時代には戦乱の地であったこの辺りが、今やトヨタ自動車を多くの関連企業が取り囲む一大工業地帯へと変貌しているのです。

トヨタの歴史は昔の教科書にも出ていた発明王、豊田佐吉（1867〜1930年）によって始まります。佐吉は1898年（フランスでルノー車の生まれた年）に豊田式木製動力織機を発明、三井物産の援助で全国に普及させます。1925年には英米の製品に勝る豊田式自動織機を開発、翌年愛知県刈谷市に豊田自動織機製作所が設立されます。佐吉には1920年に東大工学部機械工学科を卒業した長男の喜一郎（1894〜1952年）がい

―― 1955 Toyopet Crown

上：トヨタの創業者豊田喜一郎。豊田式自動織機の発明者、豊田佐吉の長男。

右：1936年トヨタAA型セダン。デザインがエアフロー型であるばかりでなく、エンジン、客室を前進させた近代的プロポーションをもつ。

ました。二人はよく酒を酌み交わすと「わしは織機をやったで、お前は自動車でいけ」(佐吉)、「よっしゃ、自動車でいきましょう」(喜一郎)と語り合ったといいます。1910年に訪米した佐吉は、自動車の急速な普及ぶりを見て、「やがて日本にも自動車時代が来る」と早くも予見していたのです。

1930年、喜一郎は刈屋の自動織機工場の一角を借りて、個人的プロジェクトとして自動車の研究開発に着手します。その費用は英国のメーカーに自動織機のライセンスを譲渡した10万ポンド、当時約1000万円が当てられました。その結果1935年にA-1型乗用車とG-1型トラックの試作に成功、その年の11月にはまずトラックを発表、同時に当時の挙母町に58万坪の土地を取得して、工場を起工します。1936年4月には、A-1をわずかにモディファイしたAA型乗用車の生産を開始、1937年8月にはトヨタ自動車工業株式会社が設立され、自動織機から独立します。1938年には挙母工場が竣工、名実ともに自動車会社が完成します。

AA、G-1トラックに共通の直列6気筒3.4ℓ、62PSエンジンは、当時としては進歩的なOHVをもっていましたが、これはシボレーのエンジンをスケッチしたからに他なりません。というのも当時すでにシボレーは大阪の日本ゼネラル・モーターズで生産され、日本の津々浦々でタクシーに輸送に活躍していましたから、地方でもそのパーツが流用できるという利点があったからだとされています。AAはシャシーも概略シボレー風で、梯子型フレームに前後とも並行楕円スプリングで吊ったリジッドアクスルをもちます。しかしエンジンを前車軸の真上に置き、客室を最も揺れの少ないホイールベースの間に配したレイアウトには、明らかにクライスラーの設計思想を採り入れています。

戦後新開発のトヨペットSA。コンセプト、デザイン、機構にVWの影響が見られる。

223　＜愛知県豊田市より　1955年トヨタ・クラウン＞

ボディ・スタイルがデソート流の流線型であるのも、ラジエターがぐんと前に出たこのレイアウトでは、もはや古典的なデザインは不可能だったからです。もちろんそこには「世界の自動車界はすでに流線型時代に突入している」という喜一郎の認識や、生産性の制約なども影響していたことでしょう。AA型およびそのバリエーションや後継モデルは、1936年から44年までに1912台作られましたが、第二次世界大戦激化のため生産の主力はトラックに置かれました。

豊田喜一郎は早くから日本の国情にマッチした小型車を模索していましたが、第二次大戦の敗戦によりそれは急速に具体化されます。その第1号は、1947年の小型乗用車SAで、スタイリングはVWカブト虫に似ています。それは内部構造についても言えることで、シャシーは鋼管バックボーン・フレームにスウィング・アクスルの後輪独立懸架をもちます。これは設計者の隈部一雄博士（後トヨタ自工社長、東大工学部教授）が第二次大戦直前にドイツに留学、VW開発の最終段階にあったフェルディナント・ポルシェ博士と交流があったからです。

ただしすでに設計の進んでいた水冷直列4気筒SV、995cc、27馬力のS型エンジンを使用せざるを得なかったので、必然的にFRとなり、トーションバー・スプリングができな

1955 Toyopet Crown

上：1955年トヨペット・クラウンRS型。前輪独立懸架と欧米風の垢抜けしたスタイリングをもつ。初めはオーナー用であったが、後にはタクシーにも使われた。

右：タクシー用にトラック・シャシー上に急ごしらえされた1949年のトヨペットSBセダン。

いので、前輪はコイルとダブルウィッシュボーンの独立、後輪は横置きリーフとされました。ホイールベース2400mm（VWと同じ！）、トレッドは1300／1350mm、外型寸法は3800×1600×1530mm、車重940kgのSAは、3段コラムシフト、ギアボックスで80km/hが可能でした。新しく誕生するトヨタの小型車の愛称が全国から公募され、お気に入りのトヨタ車を意味する「トヨペット」が選ばれました。

SAは複雑で繊細な構造のゆえに91万円（1950年当時）と高価で、しかも2ドア・セダンのみでしたから、タクシーには不向きでした。当時の日本では乗用車の需要の95%以上がタクシーだったのです。その結果SAは1952年までに215台が生産されて終わりました。タクシー業界はより構造簡潔で、頑丈で、安価な4ドア・セダンを必要としていました。そこで1948年に急遽作られたのが、SAと同じエンジンをもつ小型トラックSBのシャシーに木骨の4ドアボディを着せたSBセダンです。以後1950年中頃まで、トヨペットの乗用車はトラック・シャシーを乗用車向きに小改造した上に、アメリカ風のセダン・ボディを被せたものになります。

そして満を持して1955年1月に発表するのがオーナー／ショファー・ドライブ用のRSクラウンとタクシー用のRRマスターで、エンジンはそれ以前からあった4気筒OHV、1453cc、48馬力のR型でしたが、前輪にダブルウィッシュボーン・コイルの独立懸架をもつクラウンはアメリカン・スタイル、前後ともリーフで吊ったリジッドアクスルのマスターはヨーロッパ調といわれました。他社が欧州車の組み立てや国産化で技術を習得したのに対し、トヨタは独力で新時代を拓きました。このクラウンとマスターの成功を足がかりに、世界一への道を歩み始めたのです。

上：1955年マスターRR型。主としてタクシー用に開発されたリジッド・アクスル・モデル。米国風とされたクラウンに対し、欧州風といわれたボディは関東自工製。

<愛知県豊田市より　1955年トヨタ・クラウン>

第51話 神奈川県横浜市より 1934年 日産 ダットサン14型

今私は横浜駅の東口に降り立ったところです。さんで目の前に、日産自動車の真新しい本社ビルが建っています。日産自動車は初期の日本の多くの自動車工場が集合離散してできた会社で、それは黎明期の日本における自動車産業の縮図のようでさえあります。それらの多くの工場は東京にありましたが、中には大阪に所在したものもあります。しかしなんと言っても縁が深いのは長く工場のあったここ横浜で、東銀座の本社が手狭になったので、横浜に戻ってきたのです。

日産自動車の遠い祖先は東京の橋本増治郎が設立した快進社自動車工場で、1912（明治45／大正元）年にガソリン自動車の試作に成功します。1914年の2号車は実用に耐えるクルマで、ダットと名付けて少数ながら生産、販売もしました。DATは田健次郎、青山禄郎、竹内明太郎という3人の出資者のイニシャルを組み合わせたもので、速いことの比喩「脱兎のごとく」に通じると名付けられました。その快進社は1926年、1919年創業でリラー号などを作っていた実用自動車と合併、ダット自動車製造として大阪に移ります。ダット自動車製造は、軍用保護自動車の開発に力を注ぎ、乗用車はいったん棚上げにします。軍用保護自動車というのは、1918年に成立した制度で、軍が認定したトラックに購

1934 DATSUN 14

大阪のダット自動車製造が1930年に完成したダットソンの初期型。500ccの無免許自動車。

入者、製造者の双方に補助金が支給されます。つまり戦争が始まった時には軍が徴用するのです。普段は購入者が使えますが、一朝事ある時、大量のトラックを所有せずに済むように採られた措置で、経済規模の小さかった当時、平時に軍が大量のトラックを所有せずに済むように採られた措置で、経済規模の小さかった当時、実は欧州に学んだものです。

1929年ダット自動車製造はダット61号で3台目の軍用保動自動車の認定を獲得します。ようやく乗用車を開発する余力が生じたのです。1930年2月内務省は無免許で運転できるクルマを4ストロークで500cc、2ストロークで350cc以下に引き下げます。これは主に自動二輪車／三輪車を想定したものでしたが、四輪車にも摘要されました。ダット自動車の技師長、後藤敬義はさっそく適合する小型四輪車の開発に取り組み、同じ年の10月には4気筒SV、500ccの2人乗り乗用車を試作します。後藤は前身の実用自動車でゴーハム式三輪自動車を作った米国人ウィリアム・ゴーハムの下で自動車技術を学んだ人で、1923年のリラー号は彼の主導のもとで作られました。後のダットサンが750ccであったところから、英国では「オースティン・セヴンのコピー」とされましたが、『CG』誌が行なったインタビューに後藤は「ベンジャミンというフランス車に学んだ」と答えています。

1930年のダット最初の500cc小型車は、ダットの部品も流用していたので、ダットの息子という意味でダットソンと名付けられ、大阪—東京往復を含む1ヵ月にわたるテスト走行に成功、少数ながら生産、販売に入ります。ところがダット自動車は1933年に石川島自動車製作所に吸収合併されて自動車工業となり、再び軍用保護自動車の生産に専念することになります。

その頃自動車の将来性に着目していた戸畑鋳物の社主鮎川義介は、1931年にダット自動車に出資して傘下に収めます。同年9月大阪に戸畑鋳物自動車部が設けられ、ダットソンの製造権と製造施設を買い取ります。

1933年に無免許で乗れる小型車は4ストロークの750cc以下の4人乗りとなり、ダットサンは富谷龍一のデザインでモデルチェンジした。これは1934年の14型。

〈神奈川県横浜市より 1934年日産ダットサン14型〉

す。1932年4月には戸畑鋳物の出資で東京・銀座に販売店ダットサン自動車商会が設立されます。ただその開設準備中の3月、同店舗が水害に遭い、誰言うとなく「ソンは損に通じる」というので、太陽のサンに改め、ここに初めてダットサンの名称が生まれたのです。

1933年12月、戸畑鋳物と同じく鮎川義介の支配する日本産業の共同出資で自動車製造が設立され、横浜市神奈川区守屋町の埋め立て地に大工場を建設、大阪からダットサンの製造を移します。鮎川は早くからシボレーの国産化をもくろんで日本GMに接近しており、以後横浜工場もシボレー向き部品の生産を前提としていましたが、交渉は決裂し、以後横浜工場はダットサンの生産に主力を置くことになります。

1934年6月、自動車製造は日本産業の全額出資で日産自動車に改組され、社長には日本産業の総帥鮎川義介が就任します。1935年4月には新設の横浜工場でダットサンの一貫生産を開始、初期の横浜製は大阪製のボディを改装したものでした（無免許の枠が750ccに拡大したので、1933年には747cc、後772ccになっています）。

デザインは東京高等工芸（現千葉大工学部）卒の富谷龍一で、1933年型フォードを思わせる美しいハート型のグリルをもっています。1934年ダットサンは全面的にボディを一新、13型に発展しました。有名な脱兎のマスコットも富谷のデザインです。13型からセダンが中心になり、フェートン、ロードスター、ライトバン、トラックなどがラインナップされました。

ダットサンの生産は年々増え、1937年4月には月産1000台を超え、この年の7月には累計生産1万台達成の祝賀会が開かれました。この1938年の年間生産は8353台のピークを迎え、断然他を圧倒しました。

1934 DATSUN 14

上：戦前のシャシーを改良し、アメリカの小型車クロスレーを真似たボディを着せた1950年のダットサン・デラックスDB2。

右：1937年ニッサン70型セダン。アメリカ、グラハム・クルセーダーの設計と生産設備を買って国産化した6気筒SV、2.8ℓ車。

前後しますが、フォード、シボレー級の普通車の必要性を痛感していた鮎川は、1936年にアメリカのグレアム・ペイジ社から6気筒SV、2・8ℓの乗用車の製造権と生産施設を買い取り、翌年にニッサン70型セダンとフェートン、80型トラック、バスを生産します。第二次大戦の暗雲が垂れ込め、資材が不足し始めたために1938年いっぱいでダットサン乗用車の生産は終了し、軍向けのニッサン・フェートンやトラックに生産の主力が置かれ、さらに戦争中は航空エンジンの生産に駆り立てられます。

1947年になって戦後型に改造したダットサンの生産が再開され、ボディは次第にモダナイズされていきます。日産の乗用車は復活せず、トラックとバスだけが生産されました。こうして学びながら1955年には戦前型のシャシーを大改良してモダンなボディを着せた860ccのダットサン110を発表、主としてタクシーに多用されました。

1959年にはダブルウィッシュボーン・コイルの前輪独立懸架をもつまったく新しいシャシーに、オースティンのBMC、Bタイプ・エンジンを1000ccと1200ccにして積んだダットサン・ブルーバード310が生まれます。さらに翌1960年には初のモノコックボディの1.5ℓ級中型セドリック30がオースティンの代わりに登場、ようやくヨーロッパの水準に一歩近づいたのでした。

戦争による乗用車の技術的停滞は大きく、それを取り戻すために1953年には英国のオースティンA40サマーセットのノックダウン生産を開始、次第に国産化していき、1955年にはモノコックボディのA50ケンブリッジに切り替えます。

上：1954年ダットサン・スポーツDC3。4気筒SV、860cc、20馬力の4人乗りでは性能はまったく取るに足りないが、スポーツカーを作ろうという心意気は評価される。

左：エンジンを860cc、25馬力に拡大強化、シャシーも改良した1955年のダットサン110型。モダーンな"和風"のボディは佐藤章蔵のデザイン。

〈神奈川県横浜市より　1934年日産ダットサン14型〉

第52話 三重県鈴鹿市より 1963年 ホンダS500

私が今訪れているのは、三重県鈴鹿市の郊外です。鈴鹿市は四日市市と津市の中間に位置し、東は伊勢湾に面し、西には峻険な鈴鹿山脈を臨みます。なぜここにいるのかって？そうなんです、今回はホンダのお話をしようと思うからなんです。ホンダの正式名称は、本田技研工業株式会社といいます。創業者の本田宗一郎は1947年に研究開発会社の本田技研研究所（今も存続するR&D会社）を設立、そこで開発した製品を生産、販売する会社として、1948年に本田技研工業株式会社をスタートさせたのです。本田技研は現在国内では埼玉（2工場）、栃木、浜松（2工場）、鈴鹿、熊本に計7工場を持っています。このうち乗用車を生産しているのは埼玉製作所狭山工場と、鈴鹿製作所の2カ所です。さらに鈴鹿製作所の近くには、1962年にホンダが建設し、その後日本のモータースポーツの発展に多大な貢献をした、日本初のF1級の国際的レーシング・サーキット、鈴鹿サーキットもあります。

ご周知のとおり、ホンダは第二次世界大戦後に二輪車のメーカーとしてスタートし、それに成功した上で四輪車に転向した会社です。すなわちまったくのアプレゲールですが、それが今や世界のモーターサイクル生産の1/3を占め、国内の乗用車生産ではトヨタ、日産に次ぎ、時に激しく日産を追撃しています。乗用車の70％近くも海外で生産しており、文字ど

1963 HONDA S500

上：本田宗一郎とF1ドライバーのロニー・バックナム（車上）とリッチー・ギンサー（右）。

右："F1のミニチュア"と全世界を驚かせた1963年ホンダS500。8000rpmで44馬力を得る高回転エンジンなど、レーシング・バイクの経験を活かしている。

おり世界的企業に育ったのです。日本の戦後派企業で、世界的なブランドを築いたのは、ソニーとホンダくらいのものではないでしょうか。

世界の自動車界で純粋の戦後派として成功したメーカーには、ポルシェ、フェラーリ、ロータス、サーブ、ホンダ、スズキ、マツダ、富士重工などがありますが、その中でもホンダはダントツの大メーカーです。

ホンダはまずモーターサイクルで成功します。最初の製品は既製の自転車に取り付けて原動機付き自転車にする補助エンジンのカブでした。白く塗った薄い円盤状のガソリンタンクと赤いエンジンカバーのコントラストを今も鮮烈に覚えているオールドファンは少なくないでしょう。50ccはその後スーパーカブになり、125ccのベンリィ、250ccのドリームと成長していきます。ヤマハがDKWやアドラーに範をとったのに対し、ホンダはNSUに多くを学んだようです。1959年の浅間のレースに並列4気筒のレーサーで勝利したのをきっかけに国際的なモーターサイクル・レースに挑み、多くのトロフィーを獲得します。

二輪車で世界を制したホンダの次なるステップは、いうまでもなく四輪車でした。1962年の東京モーターショーは異常な興奮に包まれました。ホンダがS360とS500というちっぽけな、しかしきわめて魅力的なオープン2シーター・スポーツカーを出品したからです。その内容が明らかになると世界中が驚嘆の声を上げました。そのエンジンはまるで時計のように精緻な直列4気筒DOHCで、高度なグランプリ・エンジン並みのローラーメインベアリングをもち、S500では8000rpmで40馬力以上、S360でさらに9000rpmで33馬力以上を発生しました。オースティン・ヒーレー・スプライトが948ccから毎分5000回転で45馬力であったのに比べると、倍近い回転と出力を得るところは

1963年ホンダT360。S360は生産化されなかったが、そのエンジンをデチューンして作られた4気筒DOHCの軽トラック！

＜三重県鈴鹿市より　1963年ホンダS500＞

まさにモーターサイクル並みです。

それはリア・サスペンションについても言えることで、左右別々のオイルバス・チェーンによる独立懸架はまさにモーターサイクルのやり方でした。さかのぼればNSUのマックスというモーターサイクルにヒントを得ています。S360は全長3m以下、全幅1.3m以下、エンジン排気量360cc以下という当時の軽自動車の枠内に収まるクルマでしたが、生産コストがS500と大差なく、軽としては高価にならざるを得ないので生産化されず、翌1963年からS500のみが市販化されました。同時にS360エンジンをデチューンしてアンダーフロアに搭載した軽トラックのT360も発売しました。ようやく四輪車の入口に到達した第1号車がスポーツカーだったというのは、いかにもホンダらしく、象徴的でした。

この頃ホンダはいずれ四輪車でも世界的な大メーカーになり、モータースポーツの世界でもF1に挑戦しようという遠大な計画をすでにもっていたようです。1962年にはF1にも使える高速の鈴鹿サーキットを建設、まず二輪の日本グランプリを開催、翌年はFIAの規則に準拠した我が国初の本格的な自動車レース、第1回日本グランプリ（スポーツカー）も挙行されます。日本の本格的なモータースポーツはこのときに始まったといってもよいでしょう。

四輪の製品も1967年の軽自動車N360で大量生産に着手したのを皮切りに、1969年の1300、1970のZ360、71年のライフ、72年のシビック、76年のアコードとしだいに上級へと系列を広めていきます。1980年のクイント、同バラード、81年のシティ、82年のプレリュードに続いて、85年のレジェンドで乗用車のフルラインナップが完成します。

アメリカのマスキー法に端を発して日本でも年々強化される排出ガス規制に対応すべく、ホンダは1972年にいち早く層状吸気で希薄燃焼を可能にするCVCC方式を開発、シビッ

1963 HONDA S500

ホンダ初の軽乗用車、1967年のN360。空冷2気筒SOHCエンジンによるFWD。31馬力／8000rpmで軽の馬力競争の火付け役となる。

四輪車ではニューカマーのホンダを世界市場に進出させるためにベストのプロパガンダはF1レースに挑戦することでした。当時の1.5ℓF1に適合するRA271を作り上げたホンダは、1964年シーズンの途中からヨーロッパのグランプリレースに参加させます。

1.5ℓで60度V12、DOHC、230馬力/1万2000rpmのエンジンをミドシップに横向きに積むユニークなマシーンです。結局RA272は1.5ℓF1最後となる1965年のメキシコGPに、リッチー・ギンサーの操縦で初の優勝を遂げます。1966年からの3ℓF1にも挑戦を続け、1968年のRA300はジョン・サーティースのドライブでイタリアGPに勝ちます。さらには1966年からはホンダが4気筒の1ℓエンジンを供給したブラバム・ホンダが、ジャック・ブラバムとデニス・ハルムの操縦でF2レースを席巻します。

こうしたホンダのレース活動は、ひとりホンダ車の名声を高めただけでなく、日本車全体の輸出と工場進出に大きく貢献したのです。

クで製品化して他社の排気浄化システムに先んじました。副次的に燃費も改善するCVCCは燃焼についての膨大な研究の結果であり、ホンダの技術力を江湖に知らしめるものでした。

上：1964年のドイツGPでデビューしたホンダRA271。コースに出るマシーンのステアリングを握るのは中村良夫監督。

右：1968年の"1300"で小型車への進出に失敗した後を受けて1972年に発表されたシビックは、高い完成度で大成功を収める。これは1973年のCVCC仕様。

最終話　東京の書斎より
旅する隠居からあなたへ

さて、世界をぐるっとめぐって、長い路程を東京へと戻ってきました。旅する気持ちで、気ままにクルマのお話を綴ってきました。滅多に語られることのないマイナーなクルマにスポットライトを浴びせたいと、今では忘れ去られたクルマを中心に、とはいえマイナーばかりではそれらが主流であるかのような錯覚を与えてしまいますから、時にはメジャーなクルマも織り交ぜて、各車の古里への旅を続けてきましたが、このあたりが架空の放浪の旅をひとまず終えるよい機会かもしれません。

私たちは今も出口の見えない不況のトンネルの中にいますが、こんな時こそじたばたしないで、お金を掛けない自動車趣味を楽しもうではありませんか。なにも高価なクルマを乗りまわすことだけがクルマの趣味ではないでしょう。夜更けに好きなクルマのヒストリーをじっと読み込むのもいいでしょうし、晴天の一日、カメラを片手に移りゆく街とクルマの姿を写し留めておくのもいいでしょう。今、我々のクルマは技術の大きな曲がり角にさしかかっていますから、その変化を記録しておくと、将来第一級の歴史的資料になるかもしれませんよ。

最後の手紙は、1950年代を代表する世界各国のクルマを集めて大団円といたしましょう。それではひとまず、さようなら。

From Takashima to You

左頁：アメリカからはがらっと変わってカニングハム C4R に登場願おう。写真にもニンマリと写っているフロリダの富豪ブリッグス・カニングハムは、純粋アメリカ車でルマンに勝つことを夢見て 1950 年にはストックのキャデラック・クーペ・ド・ヴィルを出場させ、10 位に入る。これに力を得た彼は 1951 年にクライスラーの 5.4ℓ、V8 を積んだ C2R でルマンに挑むが 18 位に終わる。1952 年からは改良型のこの C4R とそのクーペ版の C4RK を送り込み、その彼自身のドライブでその年 C4R が 4 位に入った。結局カニングハムのルマンでの最もよい成績は 1953 年と 1954 年の 3 位(ともに C4R)であった。ただしアメリカ国内のレースでは多くの勝利を獲得した。

英国の代表は1952〜1956年のモーリス・マイナーMMツアラーで、ふたりの女性が小休止していると、向こうからMG TDがやって来るという、いかにもらしい光景の宣伝写真だ。マイナーは1959年にADO15ミニを生むアレック・イシゴニスのモーリスにおける最初の作品で、MMはエンジンこそ戦前からの4気筒SV、800cc、30馬力だったが、モノコック・ボディ、ラック・ピニオン・ステアリング、トーションバーの前輪独立懸架をもつ英国のポスト・ウォー・カーの代表的な大衆車であった。1948年の発売だが、リア・サイド・ウィンドーがカーテンからガラスの固定になったのは1952年のことだ。マイナーのツアラーは1968年までに合計7万4960台も作られた。

イタリアからはグッと趣を変えて、カロッツェリアの作品にお出ましいただこう。といっても、この1954年のアルファ・ロメオ1900Cクーペは、カタログにも載ったいわばセミ・カタログモデルである。アルファ・ロメオは1953年に4気筒1.9ℓの1900の量産に方向転換したが、そのシャシーにギアが流麗なクーペを着せたもの。ギアのクーペは常にプロポーション抜群である。100馬力、180km/hのこのクルマ、少数が生産された。

ドイツからはやっぱり1954年のニューヨーク・ショーでデビューしたメルセデス・ベンツ300SLに登場してもらわねばなるまい。いまだ復興途上にあった西ドイツでは新エンジンの設計は叶わず、セダンの300の6気筒SOHC、3ℓユニットをドライサンプに改造して低く傾け、初の直接燃料噴射で240馬力を絞り出し、267km/h以上の性能を引き出していた。多鋼管スペース・フレームにスウィング・アクスルの後輪懸架をもち、野性的なハンドリングをもっていた。写真は発表時のもので、特徴なガルウィング・ドアの切り方、固定のドア・ウィンドーに付けた換気窓、ドアハンドルなどが量産型と異なり、バンパーのオーバーライダーもない。メッキしたセンターロック・ホイールは生産型でもオプションであった。

1950年代中頃のフランス車と言えば、1955年のパリ・サロンに飛来した未来からの宇宙船、シトロエンDS19をおいてはないだろう。会場を訪れた誰もがこのクルマが量産されるとは信じなかったし、そのニュースは全世界の自動車人を驚倒させた。その宇宙船的なスタイリングもさることながら、姿勢制御をもつサスペンションとブレーキ、ギアボックスなどを司るハイドロ・ニューマティック・システムは、まるで人間の脳と循環器と神経系のように複雑に絡み合い、連携していた。

日本車も登場させよう。これは1954年のダットサン・スリフト・セダンで、当時住之江製作所にいた富谷龍一のデザインである。フロントの構成にはジープの影響も見られるし、レザーエッジ風の処理も見られるが、手叩きの板金では大きな曲面が作りづらかったからである。シャシーは戦前の流れを汲む全輪非独立懸架で、エンジンも860cc、25馬力に拡大強化されているが、4気筒のSVである。このクルマが300SLやDS19の同時代車だったのである。若き日の隠居は、日本車が世界中で成功するなどとは夢にも思わなかった。

スウェーデン代表はサーブの92だ。「あれっ、でもどっか変だぞ」と思われたら、あなたは正しい。これは1952年からの量産に先駆けて、1949年に作られたプロトタイプで、全体形は量産車に近いが、ヘッドライトやホイールを覆いつくすフェンダーが異なる。デザイナーはフスクヴァルナ（モータサイクルも作った）のミシンや三角翼機（サーブ・ドラーケン）、ハッセルブラード・カメラなどでも知られるシクステン・サソン（サソンはアンデルッソンの短縮名）。2ストローク並列2気筒、764cc、25馬力エンジンによる前輪駆動など、中身はDKWに学んでいる。

＜東京の書斎より＞

著者紹介　高島鎮雄(たかしましずお)

1938年群馬県生まれ。1957年よりモーターファン美術部、1959年モーターマガジン編集部を経て、1962年、二玄社にてカーグラフィック創刊に参画。のち同誌副編集長、スーパーCG創刊編集長。自動車ばかりではなく時計、クラシックカメラにも造詣が深く、腕時計専門誌インターナショナル・リストウォッチを創刊、編集長も務めた。現在、全日本クラシックカメラクラブ会長。

世界の名車をめぐる旅

初版発行　2011年8月25日

著　者　　高島鎮雄
発行者　　渡邊隆男
発行所　　株式会社　二玄社
　　　　　東京都文京区本駒込6-2-1
　　　　　〒113-0021
　　　　　電話　03-5395-0511
　　　　　http://www.nigensha.co.jp/
装　丁　　奈良場　亮
印　刷　　株式会社　平河工業社
製　本　　株式会社　積信堂

| JCOPY |

（社）出版者著作権管理機構委託出版物
本書の複写は著作権法上の例外を除き禁じられています。
複写を希望される場合は、
そのつど事前に(社)出版者著作権管理機構
（電話03-3513-6969、FAX03-3513-6979、e-mail:info@jcopy.or.jp）
の許諾を得てください。

Ⓒ S. Takashima　2011 Printed in Japan　ISBN978-4-544-40053-3

二玄社の自動車関連書籍

クルマが先か？ ヒコーキが先か？
Mk.I～V ［全5巻］
岡部いさく 著　菊判　200～224ページ

軍事評論家としてつとに有名な著者が、『NAVI』に長期連載していた人気コラムを単行本化。知られざるクルマとヒコーキの関係について、豊富なうんちくを軽妙な文体で綴ったシリーズもついに完結！

各巻 ●本体価格 1800円

クルマニホン人　日本車の明るい進化論
松本英雄 著　四六判　128ページ

日本車の未来を真剣に考えたら、この本が生まれました。よりよい未来のためには、まず過去を学び、今を検証することから。じっくりあらためてみれば、日本車にはこんなに優れた点があったのです！

●本体価格 1000円

名車を創った男たち
プロジェクト・リーダーの流儀
大川 悠／道田宣和／生方 聡 共著　四六判　188ページ

プロジェクト・リーダーが明かす、傑作を生み出す極意とは。リーダーたちへのインタビューを通し、責任者に必要な資質と人を惹きつける能力、成功への秘訣を解き明かす。

●本体価格 1600円

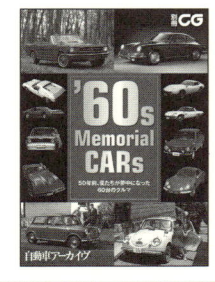

自動車アーカイヴ EX '60s Memorial CARs
50年前、僕たちが夢中になった60台のクルマ
別冊単行本編集室 編　B5判　248ページ

いかにも荒削りではあったものの、あふれんばかりの若々しさとチャレンジ精神を持っていた1960年代のクルマ60台について、豊富な写真と詳しい解説でその魅力に迫ります。

●本体価格 1800円

＊本体価格表示。2011年8月現在。　　http://nigensha.co.jp/

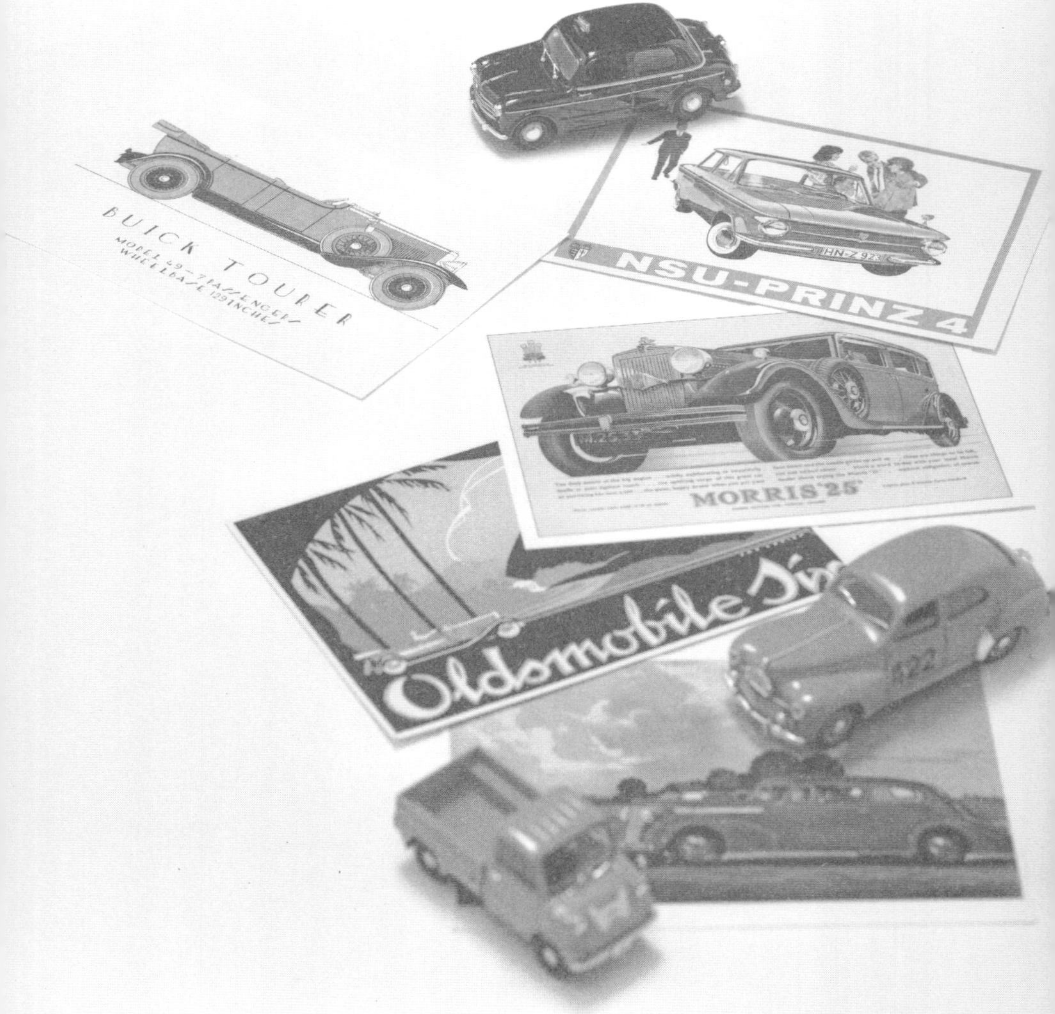
BUICK TOURER
NSU-PRINZ 4
MORRIS '25'
Oldsmobile

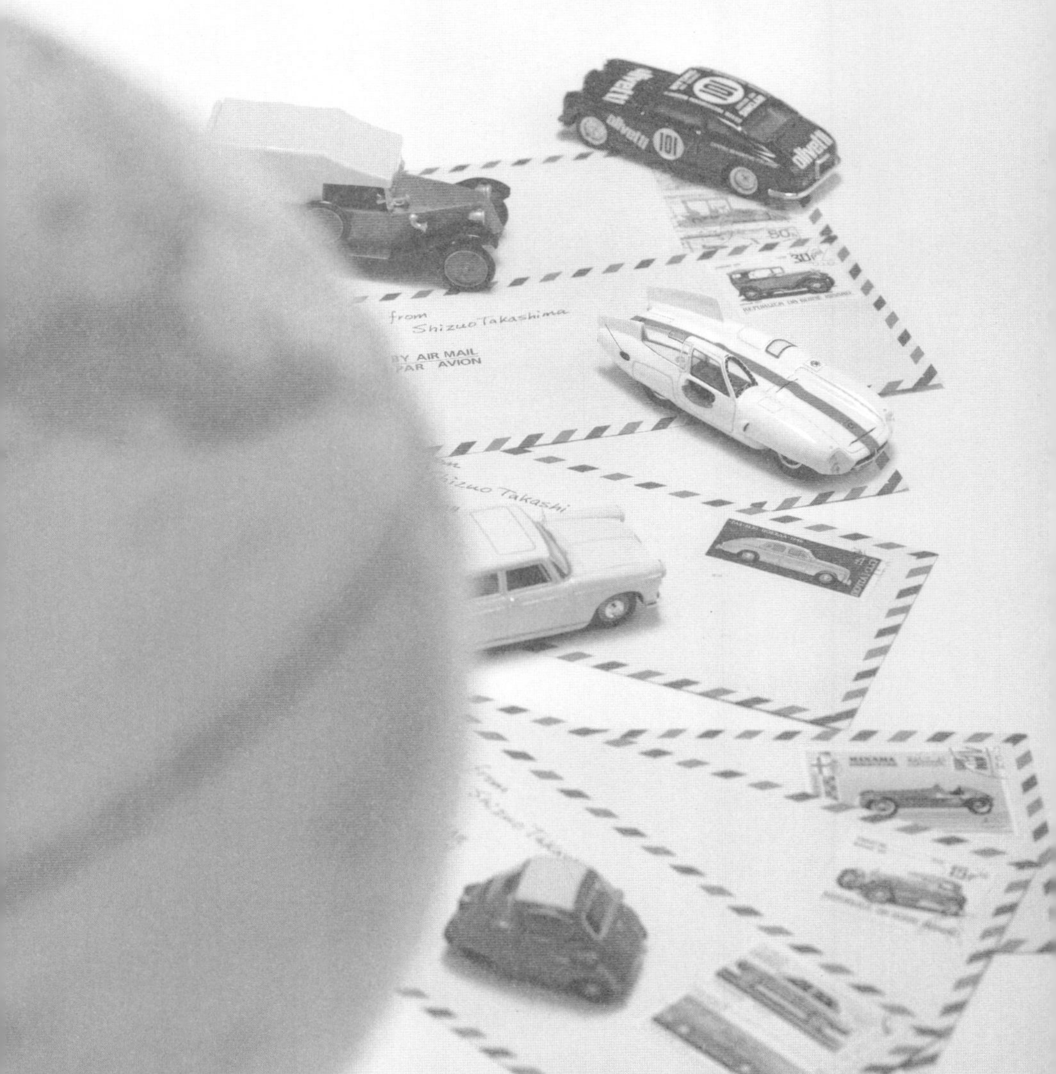
olivetti
101
from
Shizuo Takashima
BY AIR MAIL
PAR AVION